建筑工程测量实训指导丛书

U0794103

基础测量技术

主　编　张金环　张贝贝　金文慧　刘　丽

西南交通大学出版社
·成　都·

图书在版编目（C I P）数据

基础测量技术 / 张金环等主编. —成都：西南交通大学出版社，2023.7

（建筑工程测量实训指导丛书）

ISBN 978-7-5643-9423-3

Ⅰ. ①基… Ⅱ. ①张… Ⅲ. ①测量技术－教材 Ⅳ. ①TB22

中国国家版本馆 CIP 数据核字（2023）第 142220 号

建筑工程测量实训指导丛书

Jichu Celiang Jishu

基础测量技术

主编　张金环　张贝贝　金文慧　刘　丽

责任编辑	陈　斌
封面设计	原谋书装
出版发行	西南交通大学出版社 （四川省成都市金牛区二环路北一段 111 号 西南交通大学创新大厦 21 楼）
发行部电话	028-87600564　028-87600533
邮政编码	610031
网　　址	http://www.xnjdcbs.com
印　　刷	四川玖艺呈现印刷有限公司
成品尺寸	185 mm × 260 mm
印　　张	8.5
字　　数	190 千
版　　次	2023 年 7 月第 1 版
印　　次	2023 年 7 月第 1 次
书　　号	ISBN 978-7-5643-9423-3
定　　价	40.00 元

课件咨询电话：028-81435775

#《基础测量技术》编写委员会

前言

PREFACE

“基础测量技术”是技工院校建筑类各专业的必修课程。其内容涉及水准测量、角度测量、全站仪认识及功能、钢尺量距、直线定向、测量误差的类型等多方面标准及其技术。本书适用于技工院校建筑类各专业的中级工学生。

针对技工院校建筑类专业的培养目标和课程标准，本书在编写过程中，参考了许多同类教材和手册，内容齐全，资料翔实。本书建议总学时数为 90 学时。

本书内容主要有以下特点：

一、突出职业教育特色，重视学生实践能力的培养。根据建筑类企业的实际用工需求，合理确定知识与能力结构，适当调整理论知识的深度与难度，同时增大技能训练内容在教材中的比例。

二、根据建筑行业的现状及发展趋势，教材中较多地介绍新知识、新技术、新工艺和新设备，使教材具有比较鲜明的时代特征。

三、贯彻国家关于职业资格证书与学历证书并重的政策精神，力求使教材内容涵盖相关国家职业标准对中级工知识与技能的要求，同时参考了建筑行业有关标准。

四、在教材编写模式上，注重利用图片、实物照片和表格辅助讲解，同时，针对不同的知识点，设计了一些互动性较强的栏目，为学生营造更加生动的学习环境，激发学生的学习兴趣。

五、内容上力求“全、新、精、准”，叙述上力求“简明扼要、图文对照、学以致用”，取材上强调“基本常用、关键实用”。

本书由张金环、张贝贝、金文慧、刘丽主编，陈时兵、刘芳语等参编。限于编者水平，书中不足之处，恳请读者批评指正。

作者

2023 年 3 月

目录
CONTENTS

项目一

测量学的研究对象和任务、测量工作的基本原则

学习目标

1. 专业技能目标

能与小组成员开展交流，会描述不同工程阶段的不同任务。

2. 知识能力目标

了解测量学的发展现状；知道测量学的任务、作用、原则。

3. 素质能力目标

（1）具有自主学习新知识的能力。

（2）具有分析能力，善于创新和总结。

（3）具有合作精神和管理协调能力，善于沟通，豁达、诚信、团结、乐于助人；具有良好的心理素质。

教学重点

（1）了解测量学的发展历史与现状。

（2）知道测量学的任务、作用、原则。

教学难点

能与小组成员开展交流，会描述不同工程阶段的不同任务。

知识链接

（一）测量学的概念及其分类

测量学是研究地球形状和大小以及确定地面点位置的科学。随着生产的发展和科学技术的进步，测量学已分为多门独立的学科，它们各有不同的研究对象和工作任务。

测量学的分支学科有：大地测量学，地形测量学，摄影测量学（航空摄影测量学、地面摄影测量学、水下摄影测量学和航天摄影测量学等），工程测量学，海洋测量学，矿山测量学，制图学。

（二）测量学的任务及其作用

下面重点介绍前四种分支学科。

大地测量学是主要研究地球的形状、大小和重力场，测定地面点的几何位置和地球整体与局部运动的理论和技术的学科。大地测量的主要任务是为其他测量工作提供起算数据，为空间科学技术和军事用途提供精确的点位坐标、高程、距离、方位及有关重力情况，为研究地球形状、大小、地壳变形和地震预报等科学问题提供重要资料。

地形测量学是研究测绘地形图的基本理论、技术与方法的学科。地形测量的任务就是将地球表面的地物和地貌测绘成按一定比例尺和图式符号表示的地形图。

摄影测量学是研究如何利用摄影相片或辐射能的各种图像记录，以测定物体的形状、大小、位置和获取其他有关信息的学科。早先的摄影测量主要是根据从地面或飞机上摄取的地表相片进行量测调绘制成地形图。由于 20 世纪 60 年代以来遥感（RS）技术的发展，摄影方式和研究对象越来越多，摄影测量的任务也已不只是测绘地形图了。

工程测量学是研究工程建设在规划设计、建筑施工和运行管理各个阶段进行各种测量工作的理论、技术和方法的学科。工程测量的任务包括建立测量控制网，提供规划设计所需的地形图、断面图和其他观测数据，进行施工放样和竣工测量，按照管理规范进行长期的安全监测工作。

以上各门学科，既自成系统又相互关联，只有密切配合才能更好地为我国社会主义建设服务。同时，随着遥感（RS）、卫星全球定位系统（GPS）和地理信息系统（GIS）等新技术的不断发展，新的测量学分支学科将不断涌现。

测量学在工程建设的不同阶段发挥着不同重要的作用，主要表现为：在工程勘测设计阶段，为选线测制带状地形图；在工程施工阶段，为把线路和各种建筑物正确地测设到地面上；在工程竣工阶段，主要对建筑物进行竣工测量；在工程运营阶段，主要为工程改、扩建而进行各种测量，包括为安全运营、防止灾害发生而进行的变形测量等。

（三）测量学的发展历史与趋势

测量学有着悠久的历史。古代的测绘技术起源于水利和农业。测量学的研究对象是地球，人类对地球形状认识的逐步深化，要求对地球形状和大小进行精确的测定，因而促进了测量学的发展。地图制图是测量的必然结果，所以地图的演变及其制作方法的进步是测量学发展的重要方面。测量学是一门技术性较强的学科，它的形成和发展在很大程度上依赖于测绘方法和仪器工具的创造和变革。

目前，测量学的不同学科都在飞速发展：仪器制造业已生产出了 GPS 接收机、各种测程的电磁波测距仪、全站仪、超站仪（测量机器人）等；作业对象已从常规的地表（地球自然表面、地下一定深度范围），发展到目前的多方面，例如：地下矿产资源的卫星遥感测量，其他星体的观测，微粒子的质量、运行轨迹、速度等物理量的测量；侦查学中应用的犯罪痕迹测量（以摄影测量为主）等；作业方法已从手工作业，发展到今天的行、测、记、算、绘自动化或者半自动化，大大地降低了劳动强度，加快了作业速度，减少了某些中间作业环节，提高了成果质量；理论研究方面，也日趋完善。（摘自百度百科）

任务驱动

任务一　测量学的研究对象和任务

【能力目标】

（1）能与小组成员开展交流，会描述不同工程阶段的不同任务。

（2）了解测量学的发展现状；知道测量学的任务、作用。

【任务描述】

通过小组成员之间的交流，描述出测量学不同工程阶段的不同任务。

【任务导航】

完成学习任务单，并在过程中展开讨论，积极交流。

【任务实施】

（一）工具仪器

多媒体设备、PPT、任务工作单、学生工作页、教材、教案。

（二）相关资料

1. 测量学的研究对象

测量学是研究地球的形状和大小以及确定地面（包括空中、地下和海底）点位的科学，是研究对地球整体及其表面和外层空间中的各种自然和人造物体上与地理空间分布有关的信息进行采集处理、管理、更新和利用的科学和技术。就是确定空间点的位置及其属性关系。因此它的研究对象是地球整体及其表面的地物，任务是地球表面的地物与地理空间分布有关的信息进行采集处理、管理、更新和利用。现在测绘学包含比较广，分支较多，主要分为工程测量、大地测量、地理信息与工程、摄影测量与遥感、GPS 全球定位，等等。

2. 测量学的任务

测量学是研究对地球整体及其表面和外层空间中的各种自然和人造物体上与地理空间分布有关的信息进行采集处理、管理、更新和利用的科学和技术。

它的主要任务有三个方面：

一是研究确定地球的形状和大小，为地球科学提供必要的数据和资料。

二是将地球表面的地物地貌测绘成图。

三是将图纸上的设计成果测设至现场。

测量学是研究如何测定地面点的平面位置和高程，将地球表面上的地形及其他信息测绘成图，以及确定地球的形状和大小等的科学。内容包括：普通测量学、大地测量学、地图制图学、测量仪器学、地形测量学、摄影测量学、工程测量学和海洋测量学等学科。

1）普通测量学

普通测量学是研究地球表面小范围测绘的基本理论、技术和方法，不顾及地球曲率的影响，把地球局部表面当作平面看待，是测量学的基础。

2）大地测量学

大地测量学是研究和确定地球形状、大小、重力场、整体与局部运动和地表面点的几何位置以及它们的变化的理论和技术的学科。其基本任务是建立国家大地控制网，测定地球的形状、大小和重力场，为地形测图和各种工程测量提供基础起算数据；为空间科学、军事科学及研究地壳变形、地震预报等提供重要资料。按照测量手段的不同，大地测量学又分为常规大地测量学、卫星大地测量学及物理大地测量学等。

3）海洋测量学

海洋测量学是以海洋和陆地水域为对象所进行的测量和海图编绘工作，属于海洋测绘学的范畴。

4）地图制图学

地图制图学是研究模拟和数字地图的基础理论、设计、编绘、复制的技术和方法以及应用的学科。它的基本任务是利用各种测量成果编制各类地图，其内容一般包括地图投影、地图编制、地图整饰和地图制印等分支。

5）摄影测量学

摄影测量学是研究利用电磁波传感器获取目标物的影像数据，从中提取语义和非语义信息，并用图形、图像和数字形式表达的学科。其基本任务是通过对摄影像片或遥感图像进行处理、量测、解译，以测定物体的形状、大小和位置进而制作成图。根据获得影像的方式及遥感距离的不同，本学科又分为地面摄影测量学、航空摄影测量学和航天遥感测量等。

6）工程测量学

定义一：工程测量学是研究各项工程在规划设计、施工建设和运营管理阶段所进行的各种测量工作的学科。

各项工程包括：工业建设、铁路、公路、桥梁、隧道、水利工程、地下工程、管线（输电线、输油管）工程、矿山和城市建设等。一般的工程建设分为规划设计、施工建设和运营管理三个阶段。工程测量学是研究这三阶段所进行的各种测量工作。

定义二：工程测量学主要研究在工程、工业和城市建设以及资源开发各个阶段所进行的地形和有关信息的采集和处理、施工放样、设备安装、变形监测分析和预报等的理论、方法和技术，以及研究对测量和工程有关的信息进行管理和使用的学科，它是测绘学在国民经济和国防建设中的直接应用。

定义三：工程测量学是研究地球空间（包括地面、地下、水下、空中）中具体几何实体的测量描绘和抽象几何实体的测设实现的理论、方法和技术的一门应用性学科。它主要以建筑工程、机器和设备为研究服务对象。

7）测量仪器学

测量仪器学是研究测量仪器的制造、改进和创新的学科。

8）地形测量学

地形测量学是研究如何将地球表面局部区域内的地物、地貌及其他有关信息测绘成地形图的理论、方法和技术的学科。按成图方式的不同地形测图可分为模拟化测图和数字化测图。

知识闯关与能力训练

（1）测量学的概念是什么？它有哪些分类？

（2）测量学的任务是什么？

（3）测量学的发展历史与趋势分别是什么？

任务二　测量的基本工作和原则

【能力目标】

（1）能在具体工作中合理用水平面取代水准面。

（2）能搭立起测量工作的基本程序。

【任务描述】

通过小组成员之间的交流，讨论出用水平面代替水准面的限度。

【任务导航】

完成学习任务单，并在过程中展开讨论，积极交流。

【任务实施】

（一）工具仪器

多媒体设备、PPT、任务工作单、学生工作页、教材、教案。

（二）相关资料

1. 用水平面代替水准面的限度

当地形图测绘或施工测量的面积较小时，可将测区范围内的椭球面或水准面用水平面来代替，这将使测量的计算和绘图大为简便。但用水平面代替水准面必然会给距离和高程测量带来相应的误差，影响测绘成果的精度，因此有必要对水平面代替水准面给予一定的限度，从而将这种误差控制在容许的范围以内。

（1）距离测量时用水平面代替水准面的限度。

（2）如图 1-1 所示，设有地面 A、B 两点，它们在水准面上的投影为 a、b，用水平面代替水准面得投影为 a、b'。此时，以水平距离 ab'（t）代替球面距离 ab（d），即使距离测量产生误差 Δd。

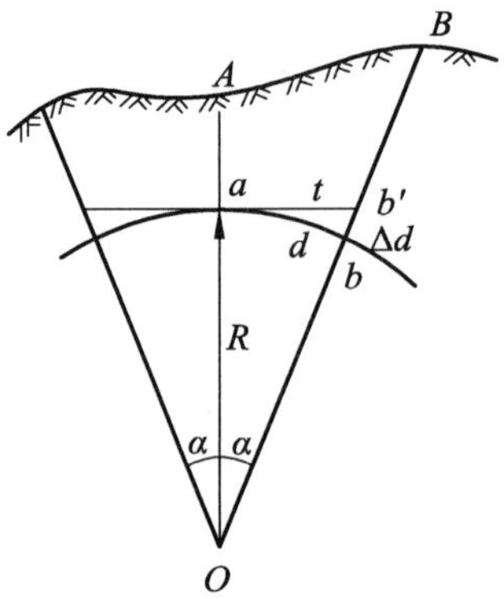

图 1-1　用水平面代替水准面

（3）　$$\Delta d = t - d = R\tan\alpha - R\alpha \quad (1\text{-}1)$$

式中　R——地球半径，约为 6 371 km；

α——弧长 d 所对圆心角。

（4）将 $\tan\alpha$ 用级数展开，并取其前两项，得

$$\Delta d = R\alpha + 1/3R\alpha^3 - R\alpha = 1/3R\alpha^3 \quad (1\text{-}2)$$

因为 $\alpha=d/R$，故

$$\Delta d = d^3/3R^2 \quad (1\text{-}3)$$

以不同的 d 值代入式（1-3），计算得相应的误差值列于表 1-1 中。

表 1-1　水平面代替水准面对距离产生的误差

d/km	1.0	5.0	10.0	25.0
Δd/mm	0.008	1.0	8.2	128.3
$\Delta d/d$	1/125 000 000	1/5 000 000	1/1 220 000	1/195 000

由表 1-1 可见，距离为 10 km 时，产生的相对误差约为 1/1 220 000，小于目前最精密距离测量的容许误差 1/1 000 000，因此可以认为，在 10 km 长的区域，地球曲率对水平距离的影响可以忽略不计，因而可将 10 km 长的区域作为距离测量时用水平面代替水准面的限度，在一般测量工作中，有时这一限度可放宽至 25 km 长的区域。

（5）高程测量时用水平面代替水准面的限度。

图 1-1 中，A、B 两点在同一水准面上，高程相等，但用水平面代替水准面后投影变为 a、b'两点，高程不等，即使高程测量产生误差，由图中可见，$\angle b'ab=\alpha/2$，因该角很小，以弧度表示，则有

$$\Delta d=d\times\alpha/2 \quad (1\text{-}4)$$

因　$\alpha=d/R$

故　$$\Delta d=d^2/2R \quad (1\text{-}5)$$

以不同的 d 值代入式（1-5），计算得相应的 Δd 值列于表 1-2 中。

表 1-2　水平面代替水准面对高差产生的误差

d/km	0.05	0.1	0.2	0.5	1
Δd/mm	0.2	0.8	3.1	19.6	78.5

由表 1-2 可见，距离为 100 m 时，在高程方面产生的误差就达 0.8 mm，其影响已不容忽视。因此可以认为，即使在一般高程测量中，也只能以距离 100 m 为用水平面代替水准面的限度，否则，必须采取相应的技术措施，对地球曲率给高程的影响加以削弱或改正。

2. 测量的基本工作

在一个区域进行测量工作时，至少要有一个已知点的坐标、一条边的已知方位角和一个已知水准点的高程作为必要的起算数据，以便将测区纳入已知的坐标系和高程系。这样的起算数据可以通过与测区附近已有国家或城市高级测量控制点进行联测的方法获得。如测区附近没有高级测量控制点可以利用，则需要假设一个点的坐标、一条边的方位角及一个点的高程，从而建立测区假定的平面直角坐标系和高程系。假设一边的方位角时，为使该方位角与其真实方向大致相仿，可以用罗盘仪测定该边的磁方位角 A_{m}，再根据当地的磁偏角 δ，依式（1-6）换算得该边的真方位角 A，作为其方位角的假定值。

$$\begin{cases} A = A_m + \delta \text{（东磁偏角）} \\ A = A_m - \delta \text{（西磁偏角）} \end{cases} \tag{1-6}$$

测量的三项基本工作是：测量角度、测量距离、测量高程。测量是按照某种规律，用数据来描述观察到的现象，即对事物做出量化描述，测量是对非量化实物的量化过程。测量注意事项如下：

（1）正确读出刻度尺的零刻度、最小刻度（最小分度值）、测量范围（量程）。

（2）把刻度尺的刻度尽可能与被测物体接近，不能歪斜。

（3）读数时，视线应垂直于被测物体与刻度尺。

（4）读出最小刻度以上各位数字。

（5）记录测量数据，包括准确值、估计值以及单位。

3. 测量工作的基本原则

基本原则是先整体后局部、先控制后碎部、由高级到低级。在测区范围内全盘考虑，布设若干个有利于碎部测量的点，然后再以这些点为依据进行碎部地区的测量工作，这样可以减小误差的积累，使测区内精度均匀。

测量工作是工程施工的龙头、是所有参与生产经营一线人员的眼睛，所以测量工作要求很严格，一般情况下必须遵循以下几个原则。

（1）在布局上，遵循“由整体到局部”的原则，即任何局部测量工作都必须服从全局的需要。

（2）在工作程序上，遵循“先控制后碎部”的原则。

（3）在精度上，遵循“由高级到低级”的原则。

（4）必须严格遵循校核的原则，即前一步工作未做校核时，不能进行下一步测定工作。

● 知识闯关与能力训练

（1）测量的基本工作是什么？测量注意事项有哪些？

（2）测量工作的基本原则是什么？

项目二

明确测量工作的基本程序和原则

学习目标

1. 专业技能目标

能用直角坐标系绘图表示地面点平面位置；能绘图表述绝对高程和相对高程；能说出确定地面点位需要进行角度测量、距离测量、高程测量的道理。

2. 知识能力目标

理解铅垂线、水准面、大地水准面、大地体、地理坐标、平面直角坐标、绝对高程和相对高程的含义；熟悉确定地面点位的方法；理解角度测量、距离测量、高程测量是确定地面点位的三项基本测量工作。

3. 素质能力目标

（1）具有自主学习新知识的能力。

（2）具有分析能力，善于创新和总结。

（3）具有合作精神和管理协调能力，善于沟通，豁达、诚信、团结、乐于助人；具有良好的心理素质。

（4）具有绘（画）图描述问题的能力。

教学重点

（1）掌握确定地面点位的方法。

（2）明确铅垂线、水准面、大地水准面、大地体、地理坐标、平面直角坐标、绝对高程和相对高程的含义。

（3）掌握绝对高程和相对高程的区别。

（4）熟悉地理坐标、高斯平面直角坐标和平面直角坐标的表示方法。

教学难点

（1）确定地面点平面位置和高程位置。

（2）能绘图表述绝对高程和相对高程。

知识链接

中国水准原点

高程基准，是推算国家统一高程控制网中所有水准高程的起算依据，它包括一个水准基面和一个永久性水准原点。

水准基面，通常理论上采用大地水准面，它是一个延伸到全球的静止海水面，也是一个地球重力等位面，实际上确定水准基面则是取验潮站长期观测结果计算出来的平均海面。

青岛地处黄海，我国把黄海海平面定为海拔基准面，而这个海拔基准面就是根据验潮站提供的数据来确定的。验潮站的主要作用：监测、记录潮汐变化数据，为海港研究开发、经济建设、国防建设、风潮等自然灾害研究提供了有关资料和预测、预防等服务。中国以青岛港验潮站的长期观测资料推算出的黄海平均海面作为中国的水准基面，即零高程面。青岛验潮站 1900 年开始验潮，1904 年开始正式建立。

中国永久性水准原点位于青岛观象山山顶处，由中国人民解放军总参测绘局于 1954 年建成，作为中国的海拔起点，全国各地的海拔高度皆由此点起算。该水准原点因其在中国独一无二的特性，从某种意义上，可以称为中国高程测量的“格林威治”。在观象山上，有一个神秘的小石屋，外面有两层高栅栏，石屋子内还有三道铁将军把门。在石屋子里面，有一个价值不菲的拳头大小、浑圆的黄玛瑙，玛瑙上一个红色小点，上面标出“此处海拔高度 72.260 米”，这就是我国的“水准原点”。球形的水袋玛瑙标志，其上有铜制和石制护盖两层，用精密水准测量方法与验潮站上所求出的平均海水面进行联测，测出它的高程为全国高程起始点，国家测绘局将它确定为“中华人民共和国水准原点”。当时规定，采用由此青岛验潮站求得的 1956 年黄海平均海水面作为全国统一高程基准面，其绝对高程为零，凡由此基准面起算的高程，统称为“1956 年黄海高程系统”。中国水准原点建成后，由此构成原点网。用精密水准测量测定水准原点相对于黄海平均海面的高差，即水准原点的高程，定为全国高程控制网的起算高程。国家第二期一等水准网高程起算点为水准原点。高程系统为“1985 国家高程系统”，共有 292 条线路、19 931 个水准点，总长度为 93 341 千米，形成了覆盖全国的高程基础控制网（1985 年高程基准和青岛原水准点高程为 72.289 m，已由国家测发〔1987〕198 号文件通告废止）。

我国的高程系统主要有：

（1）1985 国家高程系统。

（2）1956 黄海高程系统。

（3）地方高程系统，如：珠江高程系统。

其中，我国的水准原点建在青岛市观象山，在 1985 年国家高程系统中，其高程为 72.260 米；在 1956 年黄海高程系统中的高程为 72.289 米。

（摘自科普中国 · 科学百科）

任务驱动

任务一　讨论如何确定地面点平面位置和高程位置

【能力目标】

（1）铅垂线、水准面、大地水准面、大地体、地理坐标、平面直角坐标、绝对高程和相对高程的含义。

（2）能用直角坐标系绘图表示地面点平面位置。

【任务描述】

确定地面点平面位置和高程位置的方法。

【任务导航】

地面点位的确定，一般需要三个量。在测量工作中，我们一般用某点在基准面上的投影（x、y）和该点离基准面的高度（H）来确定。

【任务实施】

讨论并交流对铅垂线、水准面、大地水准面、大地体、地理坐标、平面直角坐标、绝对高程和相对高程等概念的含义。

（一）测量基准面

1. 测量工作基准面——水准面、大地水准面

测量工作是在地球表面进行的，而海洋占整个地球表面的 71%，故最能代表地球表面的是海水面，人们将海水面所包围的地球形体看作地球的形状。

测量工作基准面自然选择海水面。

铅垂线——测量工作的基准线。

水准面——静止海水面所形成的封闭曲面，如图 2-1（a）所示。

大地水准面——其中通过平均海水面的那个水准面，如图 2-1（b）所示。

水准面的特性——处处与铅垂线正交、封闭的重力等位曲面。

（a）　　（b）

图 2-1　水准面和大地水准面

2. 测量计算基准面——旋转椭球

由于地球内部质量分布不均匀，引起铅垂线的方向产生不规则的变化，致使大地水准面成为一个复杂的曲面，无法在这个曲面上进行测量数据的处理。为了计算方便，通常用一个非常接近于大地水准面，并可用数学式来表示的几何体来代替地球的形状，这就产生了“旋转椭球”的概念。

旋转椭球是由一椭圆（长半轴 a、短半轴 b）绕其短半轴 b 旋转而成的椭球体，如图 2-2 所示。

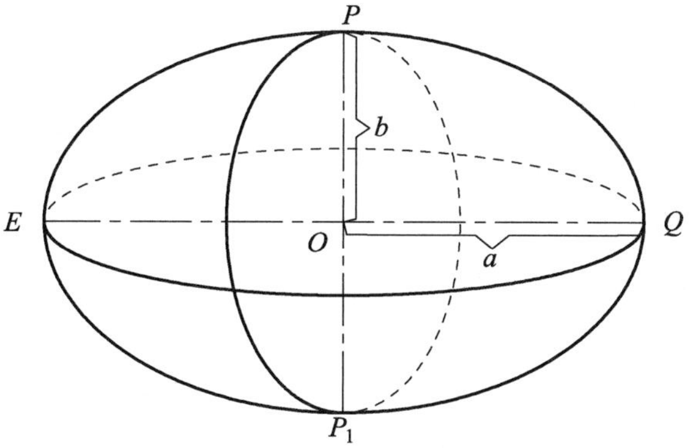

图 2-2　旋转椭球体

（二）确定地面点的坐标

坐标分为地理坐标、平面直角坐标和高斯平面直角坐标。

1. 地理坐标（属于球面坐标系统）——用经度和纬度来表示

适用于在地球椭球面上确定点位。图 2-3 所示为地球椭球面。

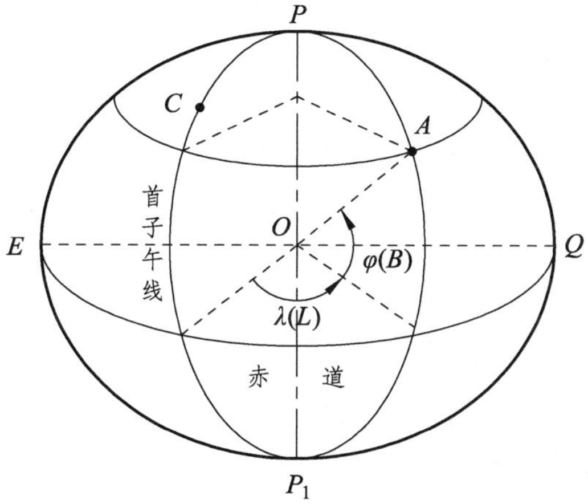

图 2-3　地球椭球面

2. 平面直角坐标——用坐标（x、y）来表示

适用于测区范围较小，可将测区曲面当作平面看待。图 2-4（a）所示为数学上的平面直角坐标，图 2-4（b）为平面直角坐标。

其与数学中的平面直角坐标系相比，不同点在于：

（1）测量上取南北方向为纵轴（x 轴），东西方向为横轴（y 轴）。

（2）角度方向顺时针度量，象限顺时针编号。

相同点：数学中的三角公式在测量计算中可直接应用。

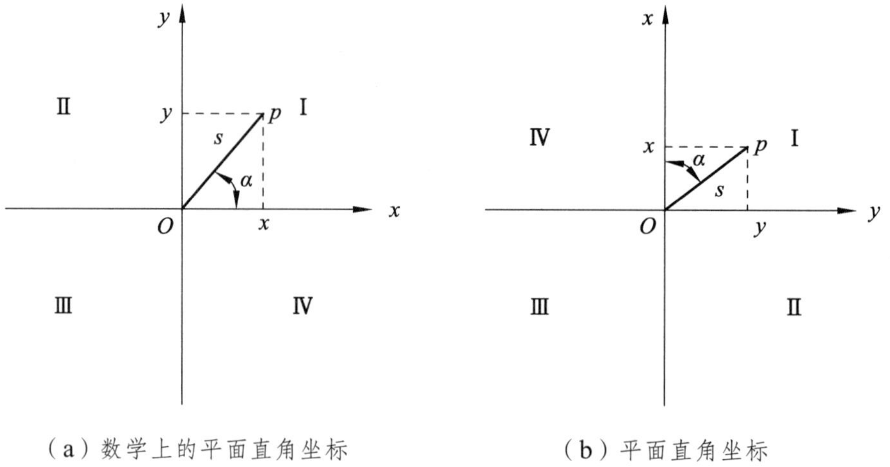

图 2-4　数学上的平面直角坐标与平面直角坐标比较

3. 高斯平面直角坐标

适用于测区范围较大，不能将测区曲面当作平面看待。

当测区范围较大时，若将曲面当作平面来看待，则把地球椭球面上的图形展绘到平面上来，必然产生变形。为减小变形，必须采用适当的方法来解决，测量上常用的方法是高斯投影法。

高斯投影法是将地球划分成若干带，然后将每带投影到平面上。

1）6°带的划分

（1）为限制高斯投影离中央子午线越远，长度变形越大的缺点，从经度 0°开始，将整个地球分成 60 个带，每 6°为一带，如图 2-5 所示。

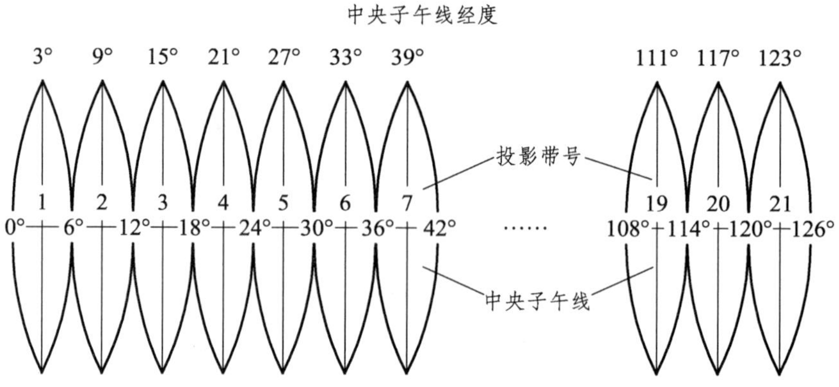

图 2-5　6°带中央子午线及带号

（2）公式：$\lambda = 6N - 3$

式中　λ——中央子午线经度；

N——投影带的带号。

2）3°带的划分

从东经开始，将整个地球分成 120 个带，每 3°为一带，如图 2-6 所示。

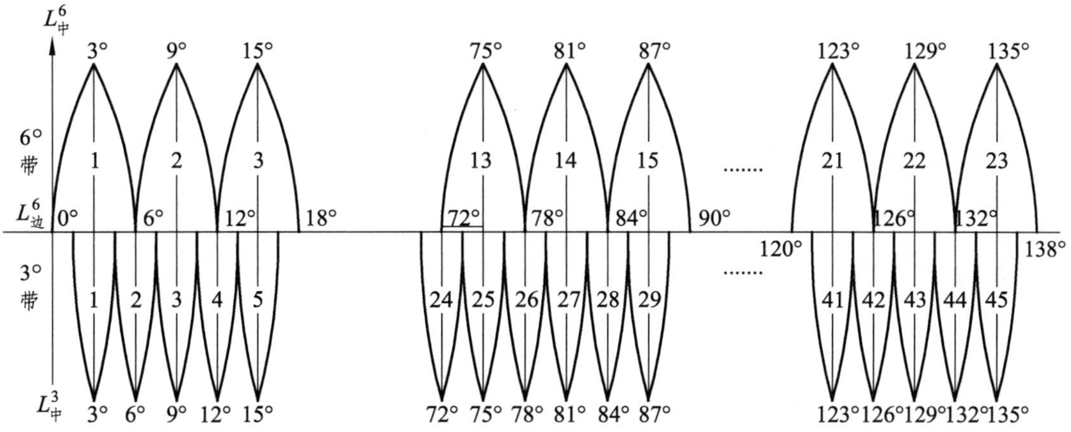

图 2-6　3°带中央子午线及带号

公式：$\lambda = 3N$

式中　λ——中央子午线经度；

N——投影带的带号。

4. 我国高斯平面直角坐标的表示

方法：

（1）将自然值的横坐标 y 加上 500 000 m；

（2）在新的横坐标 y 之前标以 2 位数的带号。

【例题】国家高斯平面点 P（3 032 586.48，20 648 680.54），指出其所在的带号及自然坐标是多少？

（1）点 P 至赤道的距离：x=3 032 586.48 m。

（2）其投影带的带号为 20，P 点离 20 带的纵轴 x 轴的实际距离 y=648 680.54－500 000=148 680.54 m。

（三）确定地面点的高程

地面点到大地水准面的铅垂距离称为该点的绝对高程，简称高程，用 H 表示。如图 2-7 所示，H_A、H_B 分别表示 A 点和 B 点的高程。

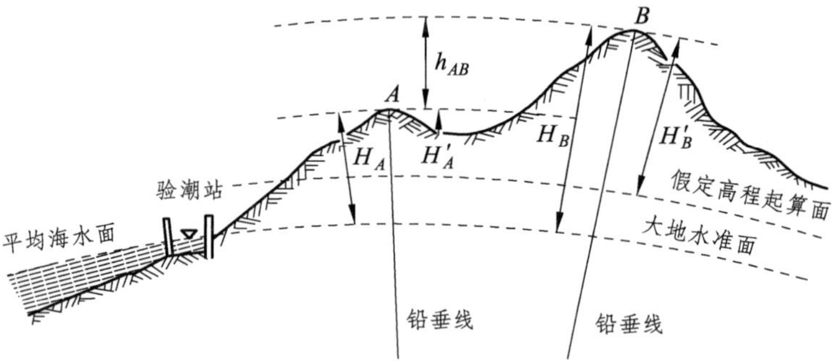

图 2-7　绝对高程

（1）绝对高程 H（海拔）——地面点到大地水准面的铅垂距离。

（2）相对高程 H'——地面点到假定水准面的铅垂距离。

（3）高差—— $h_{AB}=H_B-H_A=H'_B-H'_A$。

知识闯关与能力训练

一、名词解释

（1）水准面：

（2）大地水准面：

（3）参考椭球面：

（4）绝对高程：

（5）相对高程：

二、单选题

1. 大地水准面可定义为（　　）。

（A）处处与重力方向相垂直的曲面　　（B）通过静止的平均海水面的曲面

（C）把水准面延伸包围整个地球的曲面　　（D）地球大地的水准面

2. 如果 A、B 两点的高差 h_{AB} 为正，则说明（　　）。

（A）A 点比 B 点高　　（B）B 点比 A 点高

（C）h_{AB} 的符号不取决于 A、B 两点的高程，而取决于首次假定

3. 参考椭球面是（　　）。

（A）就是总地球椭球体面，与大地水准面十分接近

（B）国际大地测量协会为各国处理测量数据而提出的统一的地球椭球面

（C）各国为处理本国测量数据而采用与本国大地水准面十分接近的椭球体

4. 高斯投影，其平面直角坐标系（　　）。

（A）x 轴是赤道的投影，y 轴是投影带的中央经线

（B）x 轴是测区的中央经线，y 轴垂直于 x 轴

（C）x 轴是投影带中央经线，y 轴是赤道

（D）x 轴是投影带中央经线，y 轴是赤道的投影

任务二　讨论确定地面点位的基本测量工作

【能力目标】

测量工作的基本程序和原则。

【任务描述】

表述测量工作的程序和所遵循的原则。

【任务导航】

测量工作的基本原则是程序上“从整体到局部”；精度上“先高级后低级”；步骤上“先控制后碎部”。

【任务实施】

（一）测量工作的基本内容

确定点的坐标和高程是测量工作的主要目的。在实际工作中，常常不是直接测量点的坐标和高程，而是观测坐标和高程已知的点与坐标、高程未知的待定点之间的几何位置关系，然后推算出待定点的坐标和高程。

如图 2-8 所示，设 A、B 为坐标和高程已知的点，C 为待定点，3 点在投影水平面上的投影位置分别是 a、b、c。在三角形 abc 中，ab 边的长度是已知的，只要测量出一条未知边的边长和一个水平角（两个水平角或两个未知边边长），就可以推算出 C 点的坐标。可见，测定地面点的坐标主要是测量水平距离和水平角。

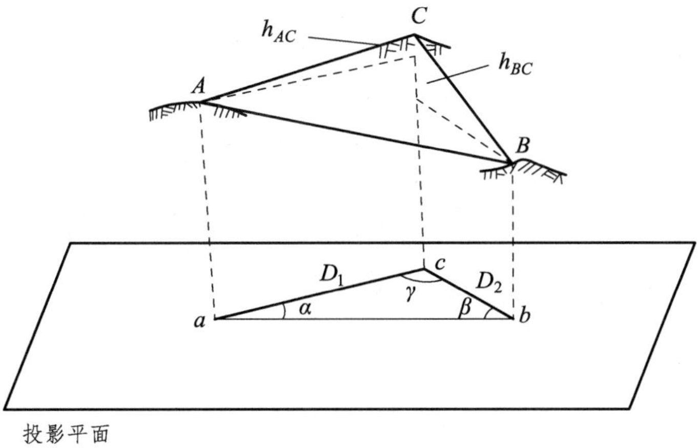

图 2-8　由已知点坐标推算未知点坐标

欲求 C 点的高程，则要测量出高差 h_{AC}（或 h_{BC}），然后推算出 C 点的高程，所以，测定地面点高程主要是测量高差。

因此，高差测量、角度测量、距离测量是测量工作的基本内容。

测量工作一般分为外业和内业两种。外业工作的内容包括应用测量仪器和工具在测区内进行的各种测定和测设工作。内业工作是将外业观测的结果加以整理、计算，并绘制成图以便使用。

（二）测量工作的基本原则

测量工作的程序和原则：无论是控制测量、碎部测量还是施工放样，其实质都是确定地面点的位置，也就是测定 3 个元素，即水平角 β、水平距离 l 和高差 h。

所以说，高程测量、距离测量和水平角测量是测量的基本工作，观测、计算和绘图是测量工作的基本技能。

测定碎部点的位置分两步进行：先进行控制测量，再进行碎部测量。

这种“先控制后碎部（工作性质上）、从整体到局部（工作范围上）、由高精度到低精度（精度要求上）”的方法就是测量工作应遵循的原则。

测量工作应遵循的另一个原则就是“步步有检核”。图 2-9 所示为测量工作基本原则示意图。

（a）

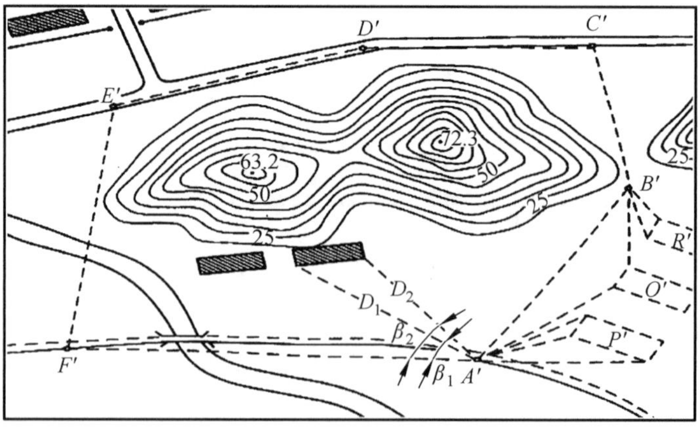

（b）

图 2-9　测量工作基本原则示意图

（三）测量工作的基本要求

在建筑工程测量过程中，为确保建筑工程测量工作的顺利进行，测量人员必须坚持“质量第一”的观点，以严肃认真的工作态度，保证测量成果的真实、客观和原始性，同时要爱护测量仪器与工具。

● 知识闯关与能力训练

一、填空题

（1）测量工作的基本原则是______________________、_____________________和____________________________。

（2）测量工作内容的三要素是指____________、____________以及_____________。

（3）测定碎部点的位置分两步进行：__________________和__________________。

（4）为了避免出错，测量工作必须进行严格的检核工作，因此，“前一步工作未做检核，________________”是测量工作必须遵循的又一基本原则。

二、问答题

1. 遵循测量工作的基本原则，其目的是什么？

2. 测量的三项基本工作是什么？

认识水准仪、水准尺并进行水准测量

学习目标

1. 专业技能目标

能够使用普通水准仪和电子水准仪；会用两次仪器高法和双面尺法测定地面上两点的高差；能进行一般水准测量的外业观测和内业计算；能够进行水准仪的检验与校正。

2. 知识能力目标

掌握水准测量原理；了解水准测量的各种仪器和工具；理解高差的概念、知道视差的概念和消减方法；熟悉自动安平水准仪和电子数字水准仪各部件的名称及功能；理解水准点的概念，掌握水准路线的形式；了解水准测量误差的来源；理解水准仪各轴线应满足的几何条件。

3. 素质能力目标

（1）具有爱护仪器、严谨求实的职业素养。

（2）具有分析能力，善于创新和总结。

（3）具有合作精神和管理协调能力，善于沟通，豁达、诚信、团结、乐于助人；具有良好的心理素质。

教学重点

（1）水准测量的原理。

（2）普通水准仪的组成及使用。

（3）一般水准测量的外业观测和内业计算。

（4）微倾式水准仪的检验与校正。

教学难点

（1）水准测量的原理。

（2）水准测量观测、记录、计算、检核与平差。

（3）水准仪各轴线应满足的几何条件。

知识链接

确定地面点高程的测量工作称为高程测量。高程测量根据使用仪器和施测方法的不同，分为水准测量、三角高程测量和GPS高程测量等，其中最常用的是水准测量。

水准仪是能够精确提供一条水平视线的仪器。水准仪按其构造的不同分为微倾式水准仪、自动安平水准仪和电子水准仪；按其精度由高至低又分为DS_{05}、DS_1、DS_3和DS_{10}四个等级，其中“D”为大地测量仪器的总代码，“S”为“水准仪”汉语拼音的第一个字母，后面的数字是指该水准仪所能达到的每千米往返测高差平均数的中误差（单位：mm）。本节主要介绍DS_3型微倾式水准仪。

任务驱动

任务一　水准测量的原理

【能力目标】

（1）能绘图说明水准测量原理。
（2）掌握高差的两种计算方法。

【任务描述】

如何利用水准仪根据已知高程点 A（假设 A 点的高程为 100.000 m），求出另一个待测点 B 的高程？

【任务导航】

通过一个已知点，求解待定点的高程，主要有两种方法，分别是高差法和视线高法。

【任务实施】

水准测量的原理是利用水准仪提供的水平视线，读取竖立于两个点上的水准尺上的读数（即读取水准尺上的刻度）来测定两点间的高差，再根据已知点高程计算未知点高程。图 3-1 所示为水准测量原理示意图。

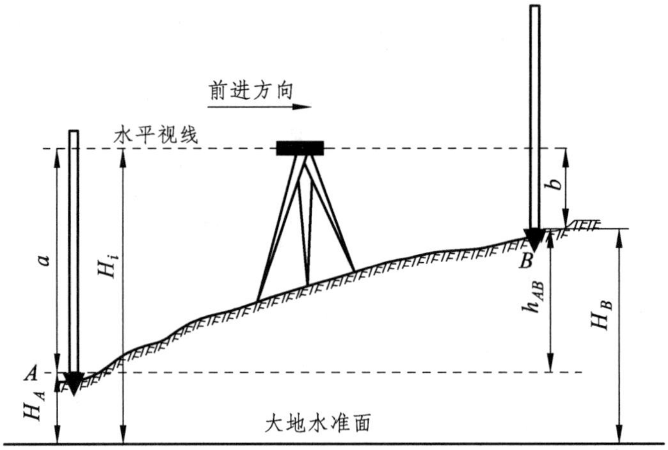

图 3-1　水准测量原理示意图

1. 高差法

高差即两点间高程之差。A 点到 B 点的高差为 B 点的高程减去 A 点的高程，即 $h_{AB}=H_B-H_A$。

假如 A 点的高程是已知的，那么要求出 B 点的高程，关键是要知道高差为多少，可以通过水准测量来得到。从图 3-1 上可以看出，B 点的高程为 H_B，A 点的高程为 H_A，那么 AB 两点的高差为 h_{AB}。假设水准仪在 A 点水准尺上的读数为 a，在 B 点的读数为 b，那么

$$h_{AB}+b=a$$

即

$$h_{AB}=a-b$$

则

$$H_B=H_A+h_{AB}$$

2. 仪高（视线高）法

$$H_B=H_A+h_{AB}=H_A+a-b=H_i-b$$

式中　H_i——仪器视线高程（即水平视线到大地水准面的铅垂距离）。

仪高法一般适用于安置一次仪器测定多点高程的情况，如线路高程测量、大面积场地平整高程测量。

● 知识闯关与能力训练

一、问答题

1. 如何理解水准测量的原理?

2. 如何理解高差的概念?

3. 如何运用高差计算公式?

二、实操练习

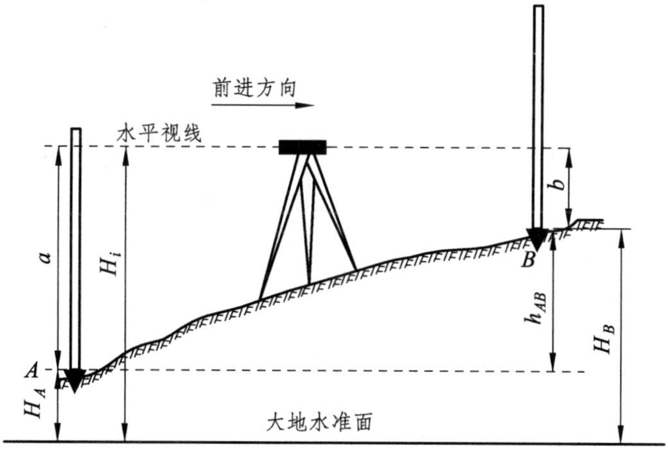

图 3-2 水准测量原理

如图 3-2 所示，*A* 点高程为 100.000 m，后视读数为 1.102 m，前视读数为 1.001 m，视线高为________，*AB* 两点的高差为________，求得 *B* 点的高程为________。

任务二　使用 DS_3 型水准仪和水准尺测量地面上两点的高差

【能力目标】

（1）会使用 DS_3 型水准仪和水准尺。
（2）会用双仪器高法和双面尺法测定地面上两点的高差。

【任务描述】

某条坡道，要测出其任意一段上不同两点的高差，并能利用已知点的高程推算出待定点的高程。

【任务导航】

微倾式水准仪的基本操作程序为：安置仪器、粗略整平、瞄准水准尺、精确整平和读数。

通过一个已知点，要测出其任意一段上不同两点的高差，主要有两种方法，分别是双仪器高法和双面尺法。

【任务实施】

一、DS_3 型微倾式水准仪的构造

DS_3 型水准仪主要由望远镜、水准器和基座三个部分组成。图 3-3 所示为 DS_3 型微倾式水准仪。

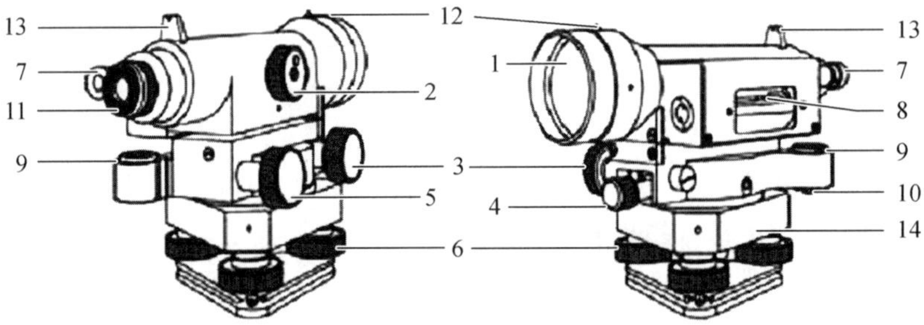

1—物镜；2—物镜调焦螺旋；3—微动螺旋；4—制动螺旋；5—微倾螺旋；
6—脚螺旋；7—符合水准器放大镜；8—管水准器；9—圆水准器；
10—校正螺丝；11—目镜；12—准星；13—照门；14—基座。

图 3-3　DS_3 型微倾式水准仪

（一）望远镜

望远镜主要由四大光学部件组成：物镜、调焦透镜、十字丝分划板、目镜，另外还包括一些调节螺旋，如图 3-4 所示。

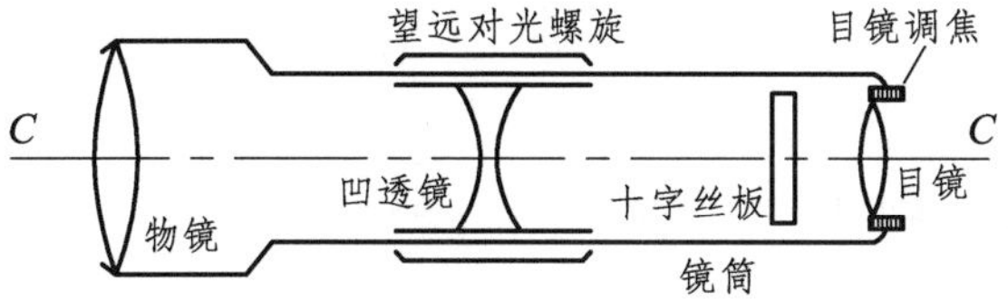

图 3-4 望远镜结构示意图

望远镜是用来照准远处竖立的水准尺并读取水准尺上的读数，要求望远镜能看清水准尺上的分划和注记并有读数标志。十字丝分划板是一块玻璃片，上面刻有两条相互垂直的长线，竖直的一条称为竖丝，横的一条称为中丝。在中丝的上下还对称地刻有两条与中丝平行的短横线，是用来测量距离的，称为视距丝。由视距丝测量出的距离就称为视距。十字丝的交点与物镜光心的连线，称为视准轴 *CC*（见图 3-4）。

水准测量是在视准轴水平的时候，用十字丝的中丝截取水准尺上的读数。

图 3-5 所示为望远镜成像原理图。目标 *AB* 经过物镜后形成了一个倒立而缩小的实像 *ab*，移动调焦透镜可使不同距离的目标均成像在十字丝平面上，再通过目镜将十字丝和目标同时放大，便可得到倒立而放大的目标影像 a_1b_1。

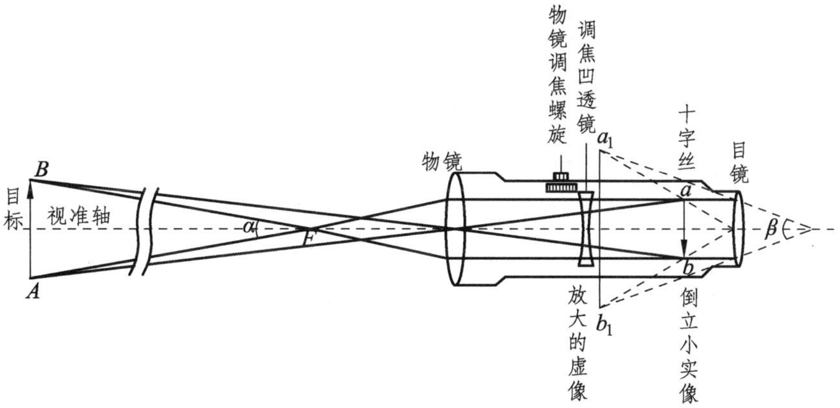

图 3-5 望远镜成像原理图

从望远镜内看到的目标影像的视角 β 与人眼直接观察该目标的视角 α 之比，称为望远镜的放大率，即放大率 $V=\dfrac{\beta}{\alpha}$。DS_3 型水准仪望远镜的放大率一般为 28 倍。

（二）水准器

水准器是用于整平仪器的装置，分为管水准器和圆水准器两种。前者用于指示仪器的视准轴是否水平，后者用于指示仪器的竖轴是否竖直。

1. 管水准器

管水准器又称为长水准管（见图 3-6），是一个内壁磨成弧面的玻璃管，内装轻质液体且含有一个气泡。管面中心称为管水准器零点，过零点所作弧面的纵向切线 *LL* 称为水准管轴。管面一般每隔 2 mm 刻有分划线，相邻分划线间的圆弧所对应的圆心角值 τ 称为水准管分划值。

$$\tau = \frac{2}{R} \cdot \rho'' \tag{3-1}$$

式中，R 为水准管圆弧半径（mm）；$\rho'' = 206\ 265''$。

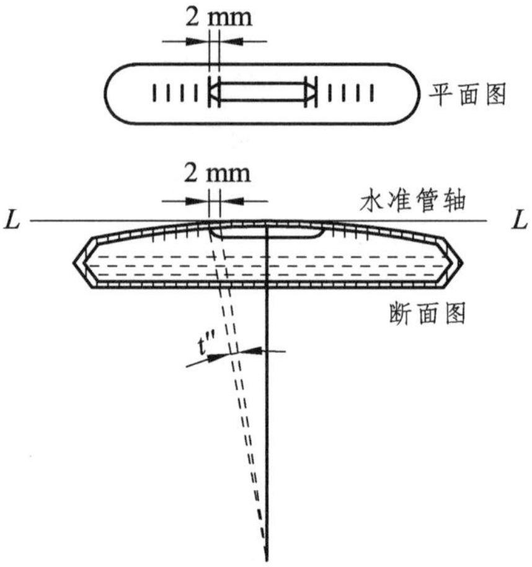

图 3-6　管水准器

由式（3-1）可见，分划值的大小与圆弧的半径 R 成反比。分划值越小，水准管的灵敏度越高。DS_3 型水准仪的水准管分划值为 20″/2 mm。管水准器与望远镜固连在一起。在水准管轴与望远镜视准轴平行的前提下，当气泡两端与管面中点对称时（称为气泡居中），水准管轴即水平，视线也就水平了。

为方便观测和提高气泡居中的精度，微倾式水准仪管水准器的上方常装有棱镜系统[见图 3-7（a）]，用于将水准管气泡的两端通过棱镜系统的折射，投影到目镜左侧的符合气泡观测窗内，各自构成左、右半边的影像。转动微倾螺旋，两半边的影像将相对移动。当底端错开时，表示气泡未居中[见图 3-7（b）]；当底端吻合成半圆形时，即表示气泡居中[见图 3-7（c）]。同时，由于两半边的影像将气泡偏离零点的距离放大一倍，因而使观测气泡居中的精度得以提高。这种装有符合棱镜的水准器又称为符合水准器。

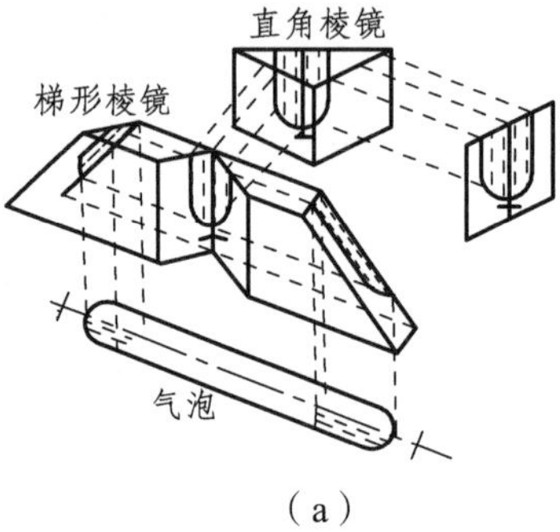

图 3-7　符合水准器

2. 圆水准器

如图 3-8 所示，圆水准器顶面的内壁被磨成球面，中央刻有一小圆圈。圆圈的中心为圆水准器的零点，连接零点与球心的直线称为圆水准器轴。当圆水准器气泡位于小圆圈中央时，气泡居中，圆水准器轴就处于铅垂位置。当气泡不居中时，气泡中心偏移零点 2 mm，轴线所倾斜的角值，称为圆水准器的分划值，一般为 8′～10′。圆水准器安装在托板上，其轴线与仪器的竖轴互相平行，所以当圆水准器气泡居中时，表示仪器的竖轴已基本处于铅垂位置。由于它的精度较低，故只用于仪器的概略整平。

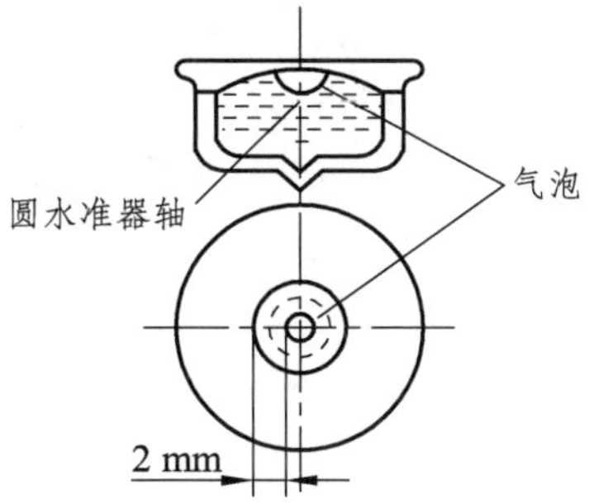

图 3-8　圆水准器

（三）基座

基座的作用是支撑仪器的上部并通过连接螺旋使仪器与三脚架相连。它主要由轴座、脚螺旋、底板和三角压板构成。调节脚螺旋可使圆水准器气泡居中。

二、水准尺和尺垫

水准尺一般用优质木材、铝合金或玻璃钢制成，长度在 2～5 m 不等。根据构造可以分为直尺、塔尺和折尺，其中直尺又分为单面分划和双面分划两种。

双面水准尺，如图 3-9 所示，一般长 3 m，多用于三、四等水准测量，以两把尺为一对使用。尺的两面均有分划，一面为黑白相间，称为黑面尺；另一面为红白相间，称为红面尺，两面的最小分划均为 1 cm，分米处有注记。“E” 的最长分划线为分米的起始。读数时直接读取米、分米、厘米，估读毫米，单位为米或毫米。两把尺的黑面均由零开始分划和注记。红面的分划和注记，一把尺由 4.687 m 开始分划和注记，另一把尺由 4.787 m 开始分划和注记，两把尺红面注记的零点差为 0.1 m。

塔尺有 3 m、4 m、5 m 多种，常用于碎部测量，如图 3-10 所示。

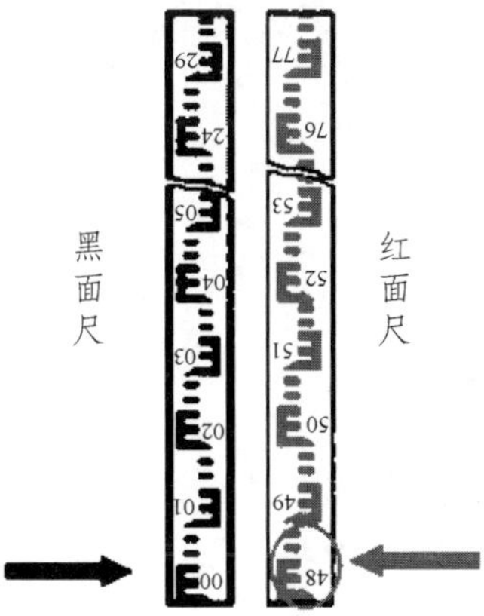

图 3-9　黑红双面尺

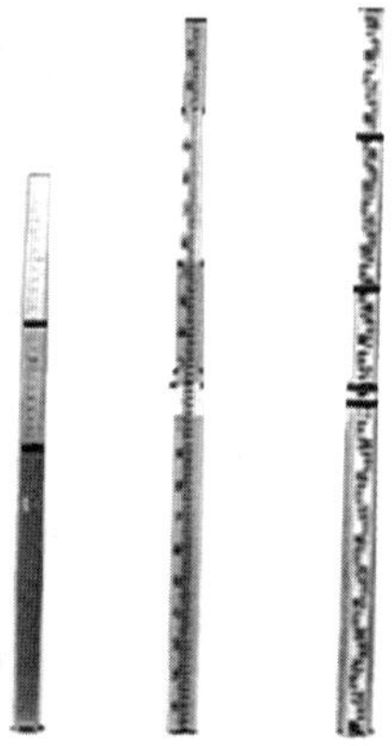

图 3-10　塔尺

尺垫是在转点处放置水准尺用的，它是用生铁铸成的三角形板座，尺垫中央有一凸起的半球体，便于放置水准尺，下面有三个尖足便于将其踩入土中，以固稳防动，如图3-11所示。

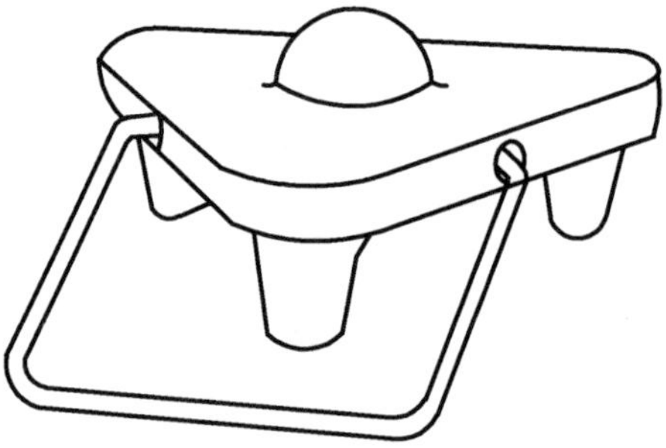

图 3-11　尺垫

三、水准仪的基本操作步骤

（一）安置仪器

1. 调整安置脚架

松开三脚架架腿的固定螺旋，调整架腿长度，再拧紧固定螺旋，张开脚架将架腿踩实，使三脚架架头大致水平。

2. 架头上连接水准仪

从仪器箱中取出水准仪，用连接螺旋将水准仪固定在三脚架架头上，如图3-12所示。

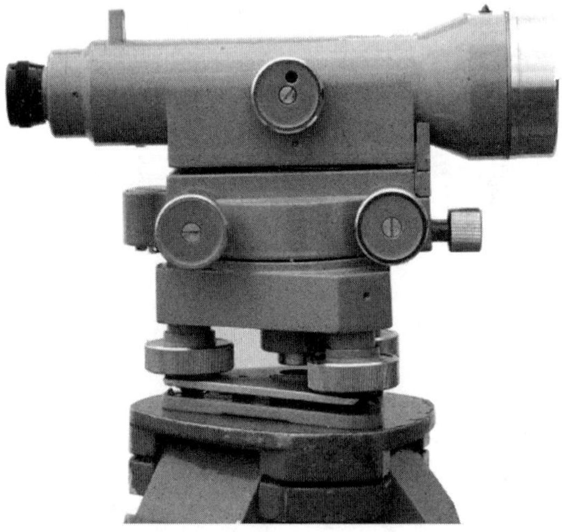

图 3-12　水准仪的连接

（二）粗略整平

通过调节脚螺旋使圆水准器气泡居中。

1. 先调平两个脚螺旋

将圆水准器置于两脚螺旋之间，用两手按相对方向转动两脚螺旋，使气泡沿两脚螺旋连线方向由 a 移至 b，调平两个脚螺旋，如图 3-13（a）所示。

2. 调平另一个脚螺旋

用手转动另一个脚螺旋使气泡由 b 移至中心，调平脚螺旋。整平时，气泡移动的方向与左手大拇指旋转脚螺旋的方向一致，与右手大拇指旋转脚螺旋时的移动方向相反，如图 3-13（b）所示。

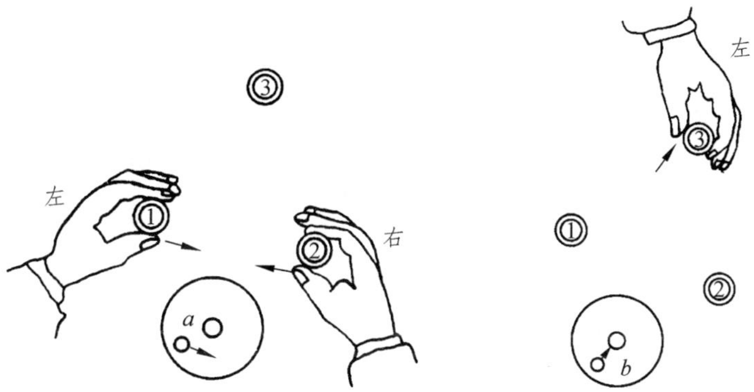

（a） （b）

图 3-13 圆水准器整平

（三）瞄准水准尺

1. 目镜调焦

松开制动螺旋，将望远镜转向明亮的背景，转动目镜调焦螺旋，使十字丝成像清晰。

2. 初步瞄准

通过望远镜筒上方的照门和准星瞄准水准尺，旋紧制动螺旋。

3. 物镜调焦

转动物镜调焦螺旋，使水准尺的成像清晰。

4. 精确瞄准

转动微动螺旋，使十字丝的竖丝瞄准水准尺边缘或中央，直至尺像与十字丝平面重合，如图 3-14、图 3-15 所示。

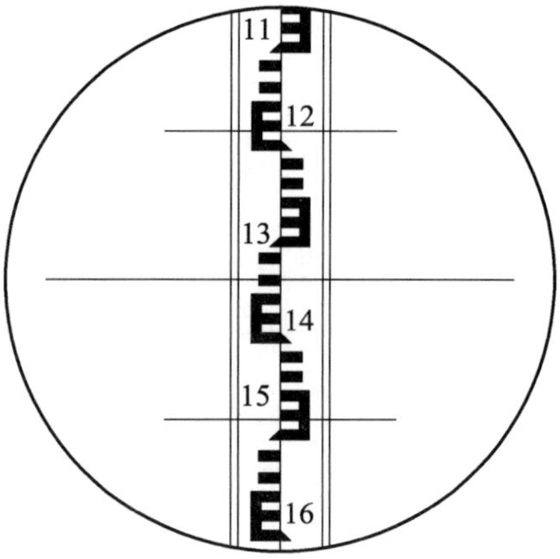

图 3-14　精确瞄准与读数

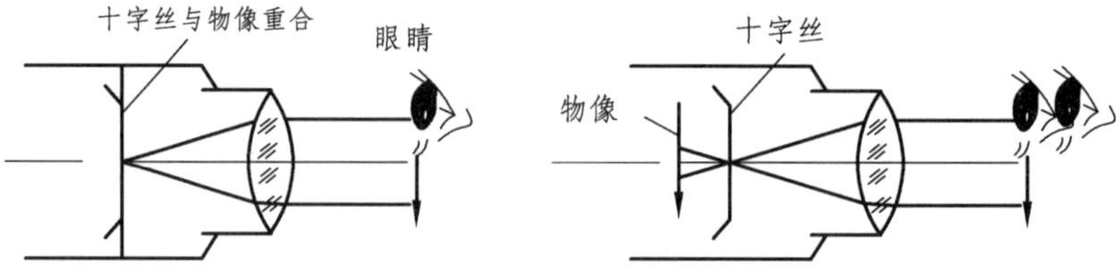

（a）存在视差　　（b）没有视差

图 3-15　视差现象

（四）精确整平

精确整平简称精平。观察水准气泡窗内的气泡影像，用右手缓慢地转动微倾螺旋，使气泡两端的影像严密吻合，此时视线即为水平视线，如图 3-16 所示。

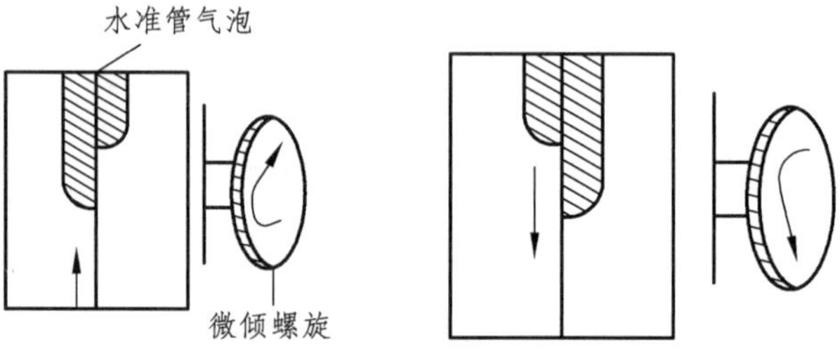

（a）　　（b）

图 3-16　精确整平

（五）读数

符合水准器气泡居中后，应立即用十字丝中丝在水准尺上读数。读数时应从小数向大数读，直接读取米、分米和厘米，并估读出毫米，共四位数。如图 3-17 所示，读数是 1.334 m。读数后再检查符合水准器气泡是否居中，若不居中，应再次精平，重新读数。

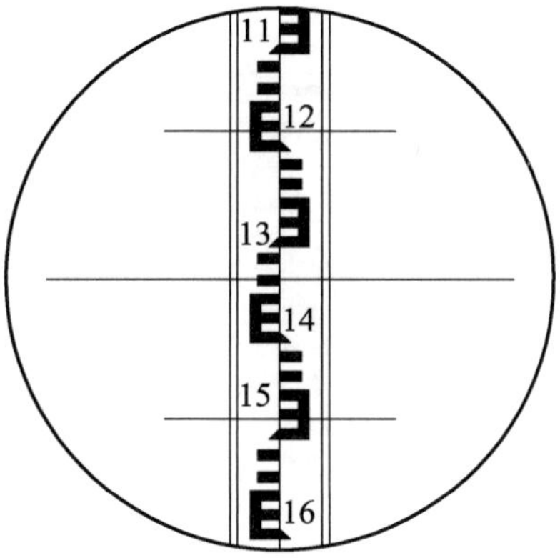

图 3-17　水准尺读数

四、测站检核

各测站高差是推算待定点高程的依据，若其中任一测站所测高差有误，则全部测量成果将无法使用。因此，每一测站都应进行必要的测站检核，检核通过后，方能搬站。测站检核的方法有以下两种：

（1）双仪器高法。在同一测站上，第一次高差测定后，重新安置仪器，使仪器高度的改变量大于 10 cm，再进行第二次高差测定。两次测得的高差之差值若不超过容许值（如普通水准测量为 + 5 mm），则符合要求，取两次高差的平均值作为该测站的观测高差，否则应返工重测。

（2）双面尺法。在同一测站上，不改变仪器高，分别对后视尺和前视尺的黑、红两面进行读数，由此算得测站的黑面高差 $h_{黑}=a_{黑}-b_{黑}$ 和红面高差 $h_{红}=a_{红}-b_{红}$，对两者加以比较来检核成果的正确性。因两根水准尺底部的红面刻划起始读数分别为 4.687 m 和 4.787 m，故应将 $h_{红}\pm 100$ mm 之后，再与 $h_{黑}$ 进行比较，即

$$\Delta h = h_{黑} - (h_{红} \pm 0.100)$$

同样，对于普通水准测量，Δh 应小于 ± 5 mm，超限亦须重测。

● 知识闯关与能力训练

一、填空题

1. 微倾式水准仪的基本操作程序为＿＿＿＿＿、＿＿＿＿＿、＿＿＿＿＿、＿＿＿＿＿和＿＿＿＿＿。

2. 如图 3-18 所示，该水准尺的读数为＿＿＿＿m。

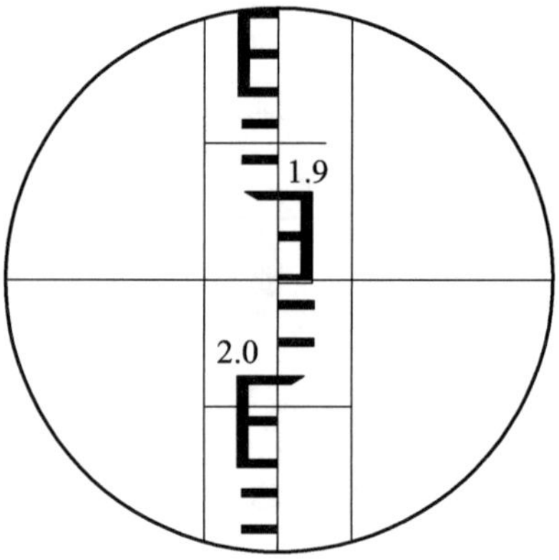

图 3-18　水准尺读数

二、实操练习

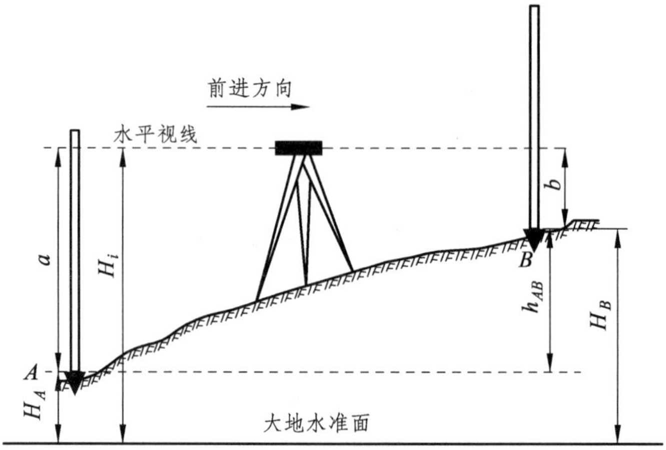

图 3-19　水准测量示意图

如图 3-19 所示，按照双仪器高法和双面尺法计算出 *AB* 两点的高差（见表 3-1、表 3-2）。

表 3-1　水准测量记录手簿（双仪器高法）

测站	测点	水准尺读数/m		高差/m	备注
		后视读数	前视读数		
					第一次
					第二次

表 3-2　水准测量记录手簿（双面尺法）

测站	测点	方向及尺号	标尺读数/m		Δh	备注
			黑面读数	红面读数		
		后				K_1= K_2=
		前				
		后－前				
		后				K_1= K_2=
		前				
		后－前				

任务三　普通水准测量

【能力目标】

（1）能选点布线，进行普通水准测量。
（2）能够进行观测、记录、计算、检核与平差。

【任务描述】

在某场地自由选定一条水准路线形式（建议为闭合水准路线）进行普通水准测量练习，并能按要求进行观测、记录、计算、检核与平差。

【任务导航】

普通水准测量是指国家等级控制以下的水准测量，又称等外水准测量，常用于局部地区大比例尺地形图测绘的图根高程控制或一般工程施工的高程测量。水准测量至少应有一个已知高程点，布设一定的水准路线，通过外业观测和内业计算，求出未知点的高程。

【任务实施】

一、水准点和水准路线布设方法

1. 水准点

我们将用水准测量的方法测定的高程控制点，称为水准点，如图 3-20 所示。水准点记为 BM（Bench Mark）。

水准点有永久性水准点和临时性水准点两种。

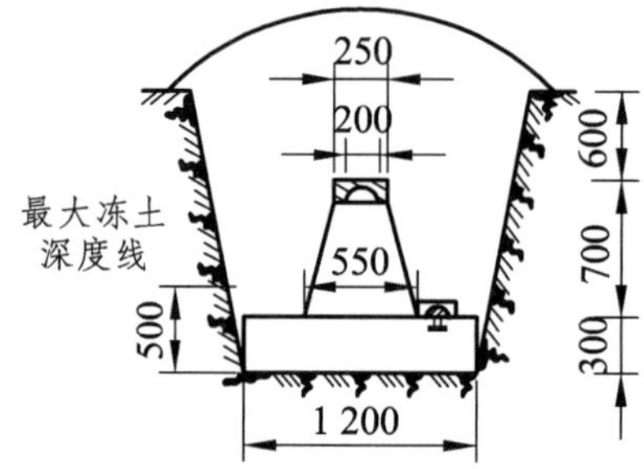

（a）水准点标石

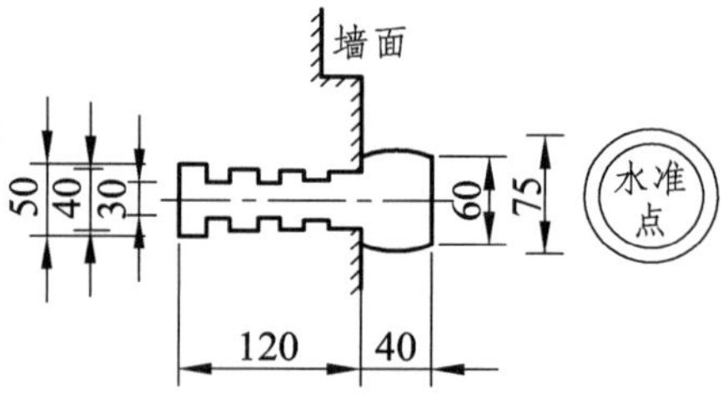

（b）墙上水准点

图 3-20　水准点

2. 水准路线

1）附合水准路线

从已知高程的水准点 BM_1 出发，沿待定高程的水准点 1、2…进行水准测量，最后附合到另一已知高程的水准点 BM_2 所构成的水准路线，称为附合水准路线，如图 3-21（a）所示。

2）闭合水准路线

从已知高程的水准点 BM_1 出发，沿各待定高程的水准点 1、2、3、4 进行水准测量，最后又回到原出发点 BM_1 的环形路线，称为闭合水准路线，如图 3-21（b）所示。

3）支水准路线

从已知高程的水准点 BM_1 出发，沿待定高程的水准点 1、2 进行水准测量，这种既不闭合又不附合的水准路线，称为支水准路线，如图 3-21（c）所示。支水准路线要进行往返测量，以资检核。

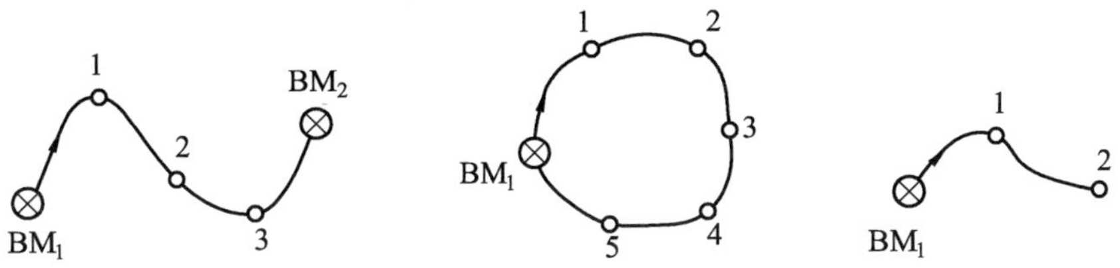

图 3-21　水准路线

二、普通水准测量实施步骤

（一）外业工作操作步骤

已知高程点与待测高程点之间的距离较远或高差较大时，需要布设多个测站。如图 3-22 所示，已知水准点 A 的高程 H=19.153 m，为了测得 B 点高程，需要在 AB 测线上布设 5 个测站。观测步骤如下：

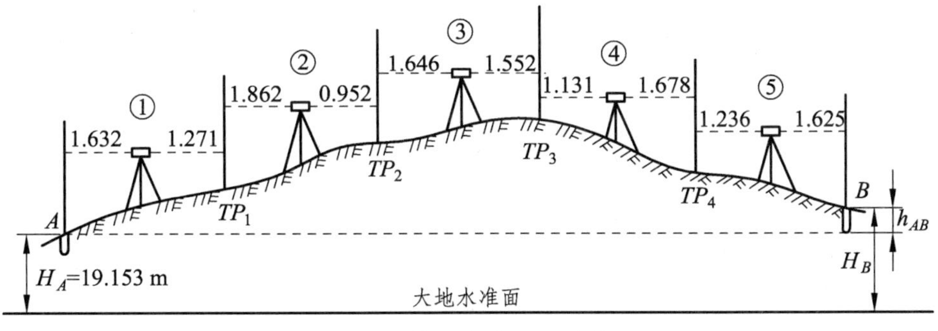

图 3-22　普通水准测量路线图

转点 TP_1，布设在距离 A 点适当的位置处，在 A、TP_1 两点分别竖立水准尺，同时在距离 A 点和 TP_1 点大致相等距离的地方安置水准仪。观测者经过“粗平—瞄准—精平—

读数”的操作步骤，读取后视水准尺上的后视读数为 1.632，照准 TP_1 点水准尺上，进行精平使水准管气泡居中，读取 TP_1 点前视水准尺上的前视读数为 1.271。记录者将观测数据记录在表 3-3 相应水准尺读数的后视与前视栏内，计算求得该站高差为+0.361 m，至此完成了第一站的测量工作。然后将 A 点水准尺安放在适当的位置 TP_2 上，保持 TP_1 点不动，将水准仪安置在 TP_1 和 TP_2 之间，同上述方法观测并记录，直至测到 B 点为止。

表 3-3 水准测量手簿

观测日期：______ 仪器型号：______ 观测者：______

天　　气：______ 项目名称：______ 记录者：______

测站	点号	水准尺读数/m		高差		高程/m	备注
		后视	前视	+	−		
1	BM_A	1.632		0.361		19.153	已知点
	TP_1		1.271			19.514	
2	TP_1	1.862		0.910			
	TP_2		0.952			20.424	
3	TP_2	1.646		0.094			
	TP_3		1.552			20.518	
4	TP_3	1.131			0.547		
	TP_4		1.678			19.971	
5	TP_4	1.236			0.389		
	B		1.625			19.582	
计算检核	$\sum$	6.607	6.178	1.365	0.936		
	$\sum a-\sum b=+0.429$			$\sum h=+0.429$		$H_B-H_A=+0.429$	

（二）内业计算（数据处理方法）

1. 计算闭合差

$$f_h=\sum h_{测}-\sum h_{理}$$

（1）闭合水准路线。

$$f_h=\sum h_{测}-\sum h_{理}=\sum h_{测}$$

（2）附合水准路线。

$$f_h=\sum h_{测}-\sum h_{理}=\sum h_{测}-\left(H_{终}-H_{始}\right)$$

2. 分配高差闭合差

（1）高差闭合差限差（容许误差）。

对于普通水准测量有：

$$\begin{cases} f_{h_{容}} = \pm 40\sqrt{L} & \text{（适用于平原）} \\ f_{h_{容}} = \pm 12\sqrt{n} & \text{（适用于山区）} \end{cases}$$

式中　$f_{h_{容}}$——高差闭合差限差，mm；

L——水准路线长度，km；

n——测站数。

（2）分配原则。

按与距离 L 或者测站数 n 成正比，将高差闭合差反符号分配到各段高差上。

3. 计算各待定点的高程

用改正后的高差和已知点的高程，来计算各待定点的高程。

【例题】附合水准路线等外水准测量示意图如图 3-23 所示，A、B 为已知高程的水准点，$H_A = 6.543$ m，$H_B = 9.578$ m，试计算 1、2、3 为待定高程的水准点。

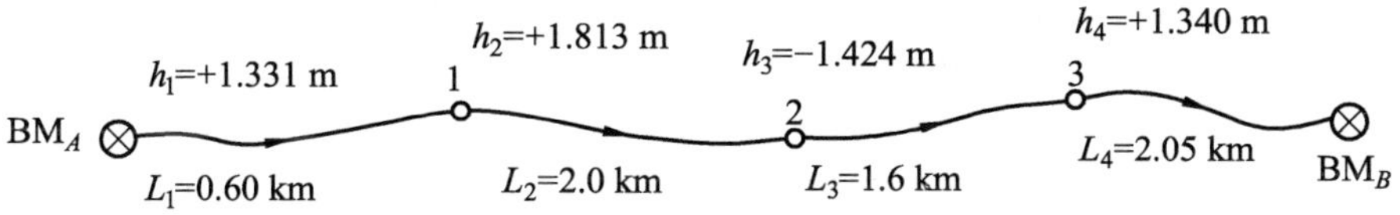

图 3-23　附合水准路线

解：

第一步，计算高差闭合差：

$$f_h = \sum h_{测} - (H_B - H_A) = 3.060 - (9.578 - 6.543) = +25 \text{ mm}$$

第二步，计算限差：

$$f_{h_{容}} = \pm 40\sqrt{L} = \pm 40\sqrt{6.25} = \pm 100 \text{ mm}$$

因为 $|f_h| < |f_{h_{容}}|$，可以进行闭合差分配。

第三步，高差闭合差的计算和调整：

$$v_{h_i} = -\frac{f_h}{L} \times L_i$$

$$v_{h_1} = -0.002 \text{ m} \quad v_{h_2} = -0.008 \text{ m} \quad v_{h_3} = -0.007 \text{ m} \quad v_{h_4} = -0.008 \text{ m}$$

第四步，计算改正后各点的高差：

$$h_i' = h_i + v_{h_i}$$

第五步，计算改正后各点的高程：

$$H_i = H_{i-1} + h_i$$

将计算结果填入表 3-4 中。

表 3-4　水准测量内业计算

点号	路线长度 L/km	观测高差 H_i/m	高差改正数 v_i/m	改正后高差 h_i/m	高程 H/m	备注
BM_A					6.543	已知
	0.60	+1.331	−0.002	+1.329		
1					7.872	
	2.00	+1.813	−0.008	+1.805		
2					9.677	
	1.60	−1.424	−0.007	−1.431		
3					8.246	
	2.05	+1.340	−0.008	+1.332		
BM_B					9.578	已知
Σ	6.25	+3.060	−0.025	+3.035		
计算检核	$f_h = \sum h_{测} - (H_B - H_A) = +25\ \text{mm}$，$f_{h_{容}} = \pm 40\sqrt{L} = \pm 100\ \text{mm}$ $v_{1\text{km}} = -\dfrac{f_h}{\sum L} = -\dfrac{+25}{6.25} = -4\ \text{mm/km}, \sum v_{h_i} = -25\ \text{mm} = -f_h$					

（三）注意事项

（1）水准仪应安置在离前、后视距离大致相等之处。

（2）为及时发现观测中的错误，通常采用“双仪器高法”或“双面尺法”。高差之差 $h-h' < \pm 5$ mm。双面尺法：① 红黑面读数差 $< \pm 3$ mm；② $h_{黑} - h_{红} < \pm 5$ mm（具体差值根据测量精度要求不同而不同）。

● 知识闯关与能力训练

一、选择题

1. 附合水准路线内业计算时，高差闭合差采用（　　）计算。

　A. $f_h = \sum h_{测} - (H_{终} - H_{起})$

　B. $f_h = \sum h_{测} - (H_{起} - H_{终})$

　C. $f_h = \sum h_{测}$

　D. $f_h = (H_{终} - H_{起}) - \sum h_{测}$

2. 水准路线闭合差调整是对高差进行改正，方法是将高差闭合差按与测站数或路线长度成（　　）的关系求得高差改正数。

A. 正比例并同号

B. 反比例并反号

C. 正比例并反号

D. 反比例并同号

3. 从一个已知的水准点出发，沿途经过各点，最后附合到另外一个已知的水准点上，这样的水准路线是（　　）。

A. 附合水准路线

B. 闭合水准路线

C. 支水准路线

D. 支导线

二、实操练习

已知实训场有一个已知点 A，其高程为 100.025 m，要求学生采用普通水准测量计算出待测点 B 的高程。将测量数据填写到表 3-5 中，并且在表 3-6 中进行外业数据处理。

表 3-5　水准测量手簿

观测日期：________ 仪器型号：________ 观测者：________

天　　气：________ 项目名称：________ 记录者：________

测站	点号	水准尺读数/m		高差		高程/m	备注
		后视	前视	+	−		
计算检核							
	$\sum a-\sum b=$			$\sum h=$		$H_B-H_A=$	

表 3-6　水准测量内业计算

观测日期：________________仪器型号：________________观测者：________________

天　　气：________________项目名称：________________记录者：________________

点号	路线长度	观测高差	高差改正数	改正后高差	高程	备注
	L/km	H_i/m	v_i/m	h_i/m	H/m	
						已知
Σ						
计算检核						

任务四　水准仪的检验与校正

【能力目标】

（1）会进行圆水准器、管水准器十字丝的检验。
（2）知道水准仪各轴线应满足的几何条件。

【任务描述】

仪器设备室现有微倾式水准仪，需要使用仪器进行高程测量，在测量前需要对仪器设备进行检验与校正，那么如何对 DS_3 型微倾式水准仪进行检验和校正？

【任务导航】

任何一种测量仪器都有其主要轴线。为了保证仪器的正常使用和精度要求，各轴线之间应满足必要的几何条件。所谓检验，就是逐项检定这些几何条件是否满足，如有不满足，采取相应的措施使其满足，就是校正。

【任务实施】

一、水准仪的主要轴线及其应满足的几何条件

为了保证仪器提供一条水平视线，水准仪的四条主要轴线（见图 3-24）：望远镜视准轴 ZZ、水准管轴 LL、圆水准器轴 $L'L'$ 和仪器竖轴 VV 应满足以下条件：
（1）圆水准器轴 $L'L'$ 应平行于竖轴 VV。
（2）水准管轴 LL 应平行于视准轴 ZZ。
（3）十字丝横丝应垂直于仪器竖轴 VV。

仪器出厂前都经过严格检查，均能满足条件，但经过长期使用或某些振动，轴线间的关系会受到破坏。为此，测量之前必须对仪器进行检验校正。

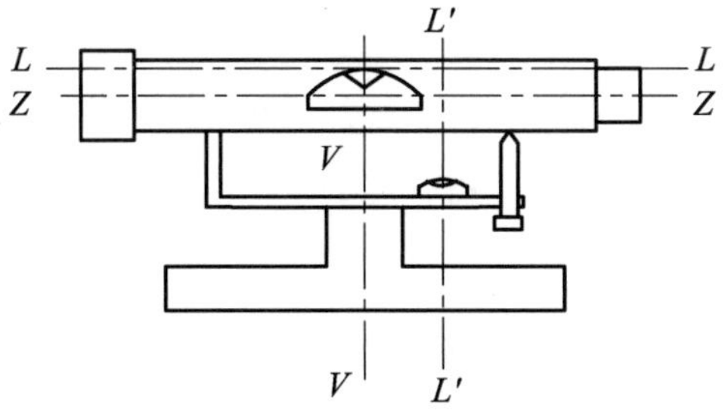

图 3-24　水准仪的主要轴线

二、水准仪的检验与校正

（一）圆水准器的检验与校正

（1）安置好仪器，并用脚螺旋将气泡居中，然后将仪器旋转 180°，看气泡是否居中，如果气泡仍居中，则条件满足，否则，条件不满足。

（2）校正方法。

① 稍松开位于圆水准器下面中间的固紧螺钉。

② 调整其周围的 3 个校正螺钉，使气泡向居中位置移动偏离量的一半，此时圆水准器轴 $L'L'$ 平行于仪器竖轴 VV。

③ 用脚螺旋整平，使圆水准器气泡居中，竖轴 VV 与圆水准器轴 $L'L'$ 同时处于竖直位置。

④ 校正工作一般需反复进行，直至仪器转到任何位置气泡均为居中为止，最后旋紧固定螺钉。

（二）十字丝横丝垂直于仪器竖轴的检验与校正

1. 检验方法

将仪器整平后，用十字丝一端对准水平方向某一清晰目标。用水平微动螺旋慢慢转动望远镜，当目标移动到十字丝交点从一端移到另一端时，看目标是否始终在十字丝上。

2. 校正方法

松开目镜上的十字丝校正螺钉，转动十字丝分划板固定螺旋，直至满足要求，再拧紧螺钉，如图 3-25 所示。

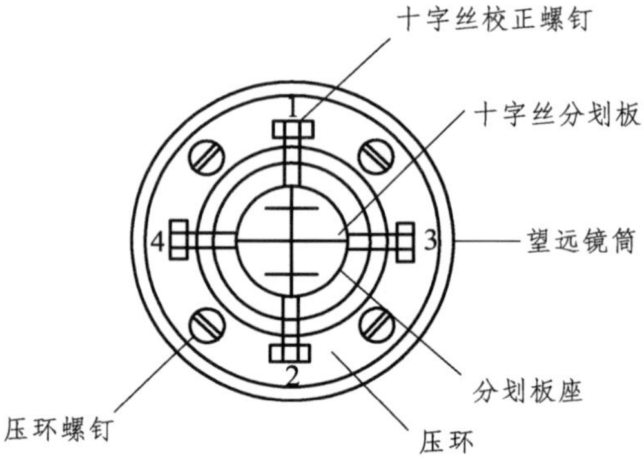

图 3-25　十字丝校正方法

（三）水准管轴平行于视准轴的检验与校正

1. 检验方法

在平坦地面上，选定相距 80 m 以上 A、B 两点，做好标志，竖立水准尺。仪器架设在 A、B 中间，读取 A、B 两尺读数 a_1、b_1，得 A、B 两点高差 $h_{AB}=a_1-b_1$。

将水准仪架设在距离 A 点 2 m 处，读取 A、B 两尺读数 a_2、b_2。再次计算 A、B 两点高差 $h'_{AB}=a_2-b_2$，如图 3-26（a）（b）所示。

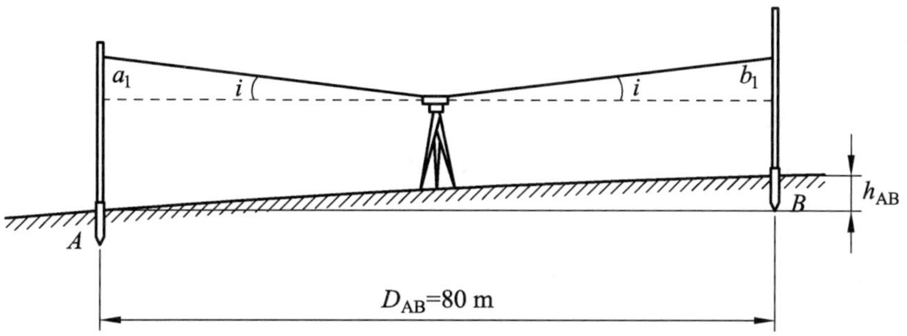

（a）

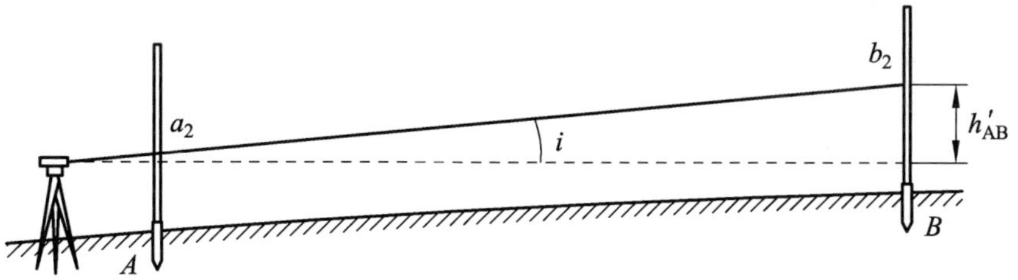

（b）

图 3-26　水准管轴平行于视准轴的检验

判别：若 $h_{AB}=h'_{AB}$，则视准轴平行水平视线；若 $h_{AB}\neq h'_{AB}$，则存在视准轴与水平视线不一致的 i 角误差。其角值为：

$$i=\frac{h'_{AB}-h_{AB}}{D_{AB}}\cdot\rho''$$

对于 DSZ3 型的水准仪，$i\leqslant 20''$，合格；若 $i>20''$，则需校正。其中 $\rho=206\,265''$。

2. 校正方法

转动微倾螺旋，使十字丝的中丝对准 A 点尺上应读读数 a'，此时视准轴处于水平位置，而水准管气泡不居中。用校正针先拨松水准管一端左、右校正螺钉，再拨动上、下两个校正螺钉，使偏离的气泡重新居中，最后要将校正螺钉旋紧。

● 知识闯关与能力训练

一、选择题

1. 微倾式水准仪能够提供水平视线的主要条件是（　　）。
   A. 水准管轴平行于视准轴
   B. 视准轴垂直于竖轴
   C. 视准轴垂直于圆水准轴
   D. 竖轴平行于圆水准轴

2. 水准仪的（　　）与仪器竖轴平行。

A. 视准轴

B. 圆水准器轴

C. 十字丝横丝

D. 水准管轴

3. 水准测量时，长水准管气泡居中表明（　　）。

A. 视准轴水平，且与仪器竖轴垂直　　B. 视准轴与水准管轴平行

C. 视准轴水平　　D. 视准轴与圆水准器轴垂直

4. 水准仪 i 角是指（　　）在竖直面上的投影夹角。

A. 纵丝与视准轴

B. 管水准轴与视准轴

C. 管水准轴与横丝

D. 视准轴与圆水准器轴

二、实操练习

1. 水准仪的检验和校正（见表 3-7）

表 3-7　水准仪一般性检验与校正记录

检验项目	检验结果	备注
三脚架是否牢固		
脚螺旋是否有效		
制动与微动螺旋是否有效		
微倾螺旋是否有效		
对光螺旋是否有效		
望远镜成像是否清晰		

2. 圆水准器轴平行于竖轴的检验校正记录（见图 3-27）

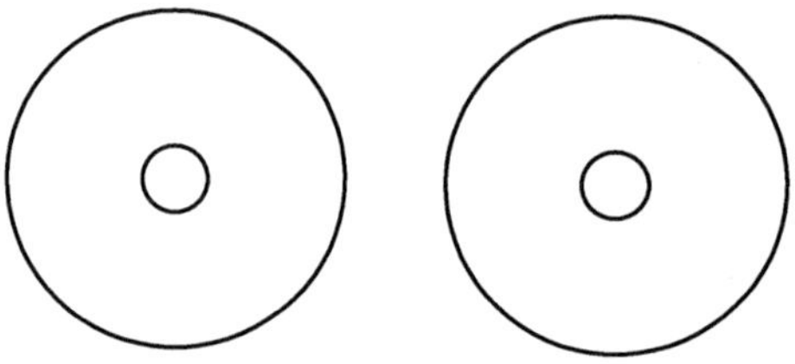

图 3-27　圆水准器轴平行于竖轴的检验校正记录

3. 十字丝横丝垂直于竖轴的检验校正记录

请在图 3-28 中给出十字丝横丝与目标点的位置关系。

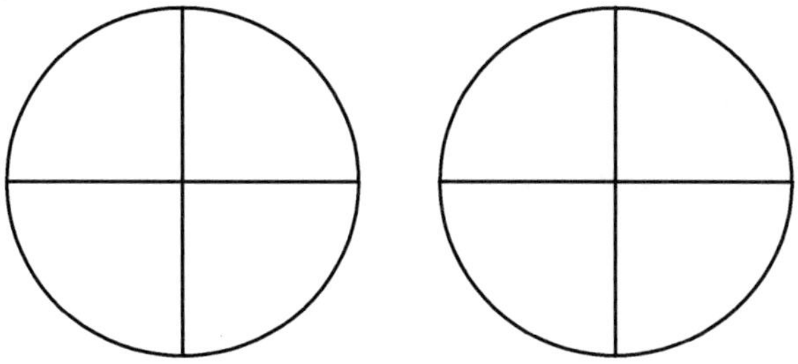

图 3-28　十字丝横丝垂直于竖轴的检验校正记录

4. 视准轴平行于水准管轴的检验校正记录（见表 3-8）

表 3-8　水准仪视准轴平行于水准管轴的检验与校正记录

测站位置	计算符号	第一次	第二次
在中点测高差	a_1		
	b_1		
	$h'_{AB}=a_1-b_1$		
	平均高差		
在 B 点附近检验	a_2		
	b_2		
	$a'_2=b_2+h_{AB}$		
	$a=a_2-a'_2$		
	$i=\dfrac{\lvert\Delta a\rvert}{D_{AB}}\rho$		

任务五　水准仪的误差来源及注意事项

【能力目标】

（1）能够评估影响水准测量误差的因素。
（2）能够消除或减弱水准测量误差的方法。

【任务描述】

仪器设备室现有微倾式水准仪，需要对水准测量误差来源分析，那么如何对 DS_3 型微倾式水准仪进行水准测量误差来源的分析?

【任务导航】

本任务主要学习水准测量的仪器、观测误差及外界条件对误差的影响等内容。人们使用测绘仪器在野外条件下进行测量工作，因此，水准测量的误差必然包括水准仪本身的仪器误差、人为的观测误差以及外界条件的误差。

【任务实施】

一、仪器误差

（一）仪器校正后的残余 i 角误差

主要产生的原因：i 角误差检校后的残余值。
方法：观测时注意使前、后视距相等，可消除或减弱其影响。

（二）水准尺误差

主要产生的原因：水准尺分划不准确、尺长变化、尺弯曲等。
方法：检验水准尺上真长与名义长度，加尺长改正数；水准尺的零点差：一测段中采用偶数站到达方式予以消除。

二、观测误差

（一）水准管气泡居中误差

设水准管分划值为 τ，居中误差一般为 $\pm0.15\tau$，采用符合式水准器，气泡居中精度可提高一倍，故居中误差 m_τ 为

$$m_\tau = \pm\frac{0.15\tau}{2\rho}D$$

（二）读数误差

人眼的分辨率、望远镜的放大倍数以及视线长度与水准尺上估读毫米数的误差 m_V 有关，可按下式计算：

$$m_V = \frac{60}{V} \cdot \frac{D}{\rho}$$

式中 V——望远镜的放大倍数；

D——水准仪到水准尺的距离；

ρ =206 265″。

（三）水准尺倾斜

水准尺倾斜将使尺上的读数增大，设 $\gamma = 3°30''$，如在水准尺上 1 m 处读数时，将会产生 2 mm 的误差。视线离地面越高，读取的数据误差就越大。

（四）视差的影响

当存在视差时，由于水准尺影像与十字丝分划板平面不重合，若眼睛观察的位置不同，便读出不同的读数，因而会产生读数误差。所以，观测时应注意消除视差。

三、外界环境的影响

（一）仪器下沉和尺垫下沉

在软土或植被上时容易发生下沉，采用“后—前—前—后”的观测顺序，可以削弱其影响。采用往返观测取观测高差的中数可以削弱其影响。

（二）地球曲率和大气折光影响

地球曲率影响：采取前后视距相等来消除，即地球曲率对前后尺读数影响相同。

大气折光影响：由于大气折光，视线会发生弯曲，越靠近地面，光线折射的影响也就越大。因此要求视线要高于地面 0.3 m 以上，前后视距相等也可消减该影响。

（三）温度影响

温度的变化不仅引起大气折光的变化，而且当烈日照射水准管时，由于水准管本身和管内液体温度的升高，气泡向着温度高的方向移动，而影响仪器的水平，从而产生气泡居中的误差。因此，观测时应注意撑伞遮阳，避免阳光。

● 知识闯关与能力训练

选择题

1. 水准测量中要求前后视距离大致相等的作用在于削弱（　　）影响，还可削弱地球曲率和大气折光对透镜运行误差的影响。

A. 圆水准轴与竖轴不平行的误差

B. 十字丝横丝不垂直竖轴的误差

C. 读数误差

D. 管水准轴与视准轴不平行的误差

2. 微倾式水准仪视准轴和水准管轴不平行的误差对读数产生影响，其消减方法是(　　)。

A. 两次仪器高法取平均值

B. 换人观测

C. 测量时采用前、后视距相等的方法

D. 反复观测

3. 三、四等水准测量时若要求每测段测站数为偶数站，主要目的是消除(　　)。

A. *i* 角误差

B. 标尺零点差

C. 读数误差

D. 视差

任务六　自动安平水准仪和精密水准仪

【能力目标】

（1）能够认识自动安平水准仪和精密水准仪的构件。
（2）能够使用自动安平水准仪和精密水准仪进行普通水准测量。

【任务描述】

仪器设备室现有自动安平水准仪和精密电子水准仪，假设要测出其任意一段上不同两点的高差，并能利用已知点的高程推算出待定点的高程。

【任务导航】

本任务主要学习自动安平水准仪、精密水准仪、水准尺和电子水准仪的使用等内容。自动安平水准仪已广泛应用于工程测量中，它的构造与普通水准仪的区别在于：在结构上没有水准管和微倾螺旋，而是利用自动安平补偿器代替水准管和微倾螺旋，因此读数之前没有精确整平这一步骤。使用时，只需圆水准器气泡居中，在十字丝交点上读取读数即可。

【任务实施】

一、自动安平水准仪的认识

自动安平水准仪实物如图 3-29 所示。

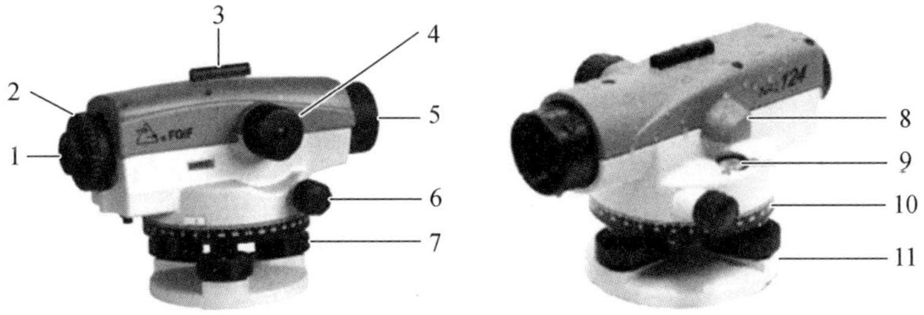

1—目镜；2—目镜调焦螺旋；3—粗瞄器；4—调焦螺旋；5—物镜；
6—水平微动螺旋；7—脚螺旋；8—反光镜；9—圆水准器；
10—刻度盘；11—基座。

图 3-29　自动安平水准仪

二、自动安平水准仪的使用

使用自动安平水准仪时，只要将仪器圆水准器气泡居中即可进行读数，操作步骤一般为：安置与粗平、瞄准与调焦、读数。

为使补偿器正常工作，必须使圆水准器气泡居中并不越出圆水准器中央的黑圆圈，否则会致使仪器的倾斜超过补偿器的工作范围或补偿器本身失效。

三、电子水准仪的基本原理

电子水准仪实物如图 3-30 所示，其构造原理及条码水准尺如图 3-31 所示。

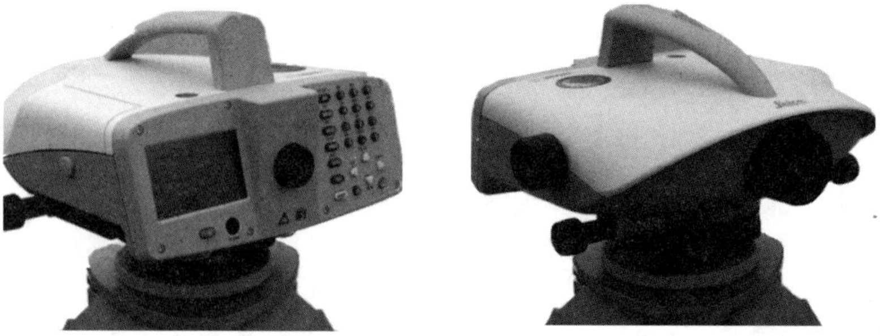

图 3-30 电子水准仪

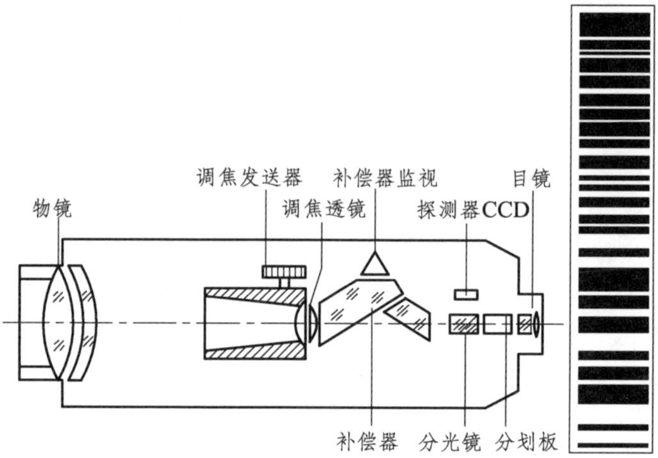

图 3-31 电子水准仪的构造原理及条码水准尺

四、电子水准仪的使用方法

电子水准仪的使用方法与一般水准测量大体相似，包括以下几步:

（1）安置仪器。

（2）粗略整平。

（3）瞄准目标。

（4）观测。

值得一提的是：第（4）步只需按一下测量键，即可从电子水准仪的显示屏上看到读数。

● 知识闯关与能力训练

一、选择题

1. 自动安平水准仪的精平是用（ ）。

A. 自动补偿装置　　B. 管水准器

C. 圆水准器　　　　　　　　D. 微倾螺旋

2. 使用自动安平水准仪时，比微倾式水准仪需要多进行的一项操作是（　　）。

A. 粗略整平　　　　　　　　B. 精确整平

C. 自动对焦　　　　　　　　D. 检查补偿器是否工作

3. DSZ_3 型自动安平水准仪，其中“Z”表示（　　）。

A. 安平　　B. Z 号　　C. 制动　　D. 自动

4. 自动安平水准仪观测操作步骤是（　　）。

A. 仪器安置—粗平—调焦照准—精平—读数

B. 仪器安置—粗平—调焦照准—读数

C. 仪器安置—粗平—精平—调焦照准—读数

D. 仪器安置—调焦照准—粗平—读数

二、实操练习

已知实训场有一个已知点 A，其高程为 100.025 m，要求学生使用自动安平水准仪，采用普通水准测量计算出待测点 B 的高程。将测量数据填写到表 3-9 中，并且在表 3-10 中进行外业数据处理。

表 3-9　水准测量手簿

观测日期：________仪器型号：________观测者：________

天　　气：________项目名称：________记录者：________

测站	点号	水准尺读数/m		高差		高程/m	备注
		后视	前视	+	−		
计算检核							
	$\sum a - \sum b =$			$\sum h =$		$H_B - H_A =$	

表 3-10 水准测量内业计算

观测日期：________ 仪器型号：________ 观测者：________

天　　气：________ 项目名称：________ 记录者：________

点号	路线长度	观测高差	高差改正数	改正后高差	高程	备注
	L/km	H_i/m	v_i/m	h_i/m	H/m	
						已知
Σ						
计算检核						

项目四

认识经纬仪并进行角度测量

学习目标

1. 专业技能目标

（1）能绘图说明角度测量原理；能按要求进行配置度盘、观测、记录、计算、检核。

（2）在实际工作中会避免或减少角度测量误差的产生。

（3）能对经纬仪应满足的几何条件进行检验和校正。

2. 知识能力目标

（1）知道水平角和竖直角的概念及取值范围。

（2）理解测回法的概念，知道配置度盘的规定，熟悉测量方法和步骤。

（3）理解全圆方向观测法的概念和各项较差的概念，知道配置度盘的规定，熟悉测量方法和步骤。

（4）理解竖盘指标差的概念，掌握其计算方法。

（5）知道角度测量误差的来源和种类；掌握经纬仪应满足的几何条件，并检验这些几何条件是否满足要求。

3. 素质能力目标

（1）提升自主学习新技能，具有责任心，能自主完成工作岗位任务。

（2）具有分析能力，善于创新和总结经验。

（3）锻炼和提升团队协作、管理协调能力，善于沟通，豁达、诚信、团结、乐于助人；具有良好的心理素质。

（4）具备优良的职业道德修养，能遵守职业道德规范。

教学重点

（1）DJ_6光学经纬仪、电子经纬仪各部件（按键）的名称及功能。

（2）使用经纬仪用测回法、全圆方向观测法观测水平角、竖直角。

（3）经纬仪的检验与校正。

教学难点

（1）按要求配置度盘、观测、记录、计算、检核（能够准确填写记录表）。
（2）照准部水准管轴、视准轴、十字丝、水平轴、指标差的检验。

知 识 链 接

什么是经纬仪

1. 经纬仪及其历史

经纬仪是一种根据测角原理设计的测量水平角和竖直角的测量仪器，分为光学经纬仪和电子经纬仪两种，最常用的是电子经纬仪。

经纬仪是望远镜的机械部分，使望远镜能指向不同方向。经纬仪具有两条互相垂直的转轴，以调校望远镜的方位角及水平高度。经纬仪是一种测角仪器，它配备照准部、水平度盘和读数的指标、竖直度盘和读数的指标。

经纬仪最初的发明与航海有着密切的关系。在十五、十六世纪，英国、法国等一些发达国家，因为航海和战争的原因，需要绘制各种地图、海图。最早绘制地图使用的是三角测量法，就是根据两个已知点上的观测结果，求出远处第三点的位置，但由于没有合适的仪器，导致角度测量手段有限，精度不高，由此绘制出的地形图精度也不高。而经纬仪的发明，提高了角度的观测精度，同时简化了测量和计算的过程，也为绘制地图提供了更精确的数据。后来经纬仪被广泛地应用于各项工程建设的测量上。

经纬仪是由英国机械师西森（Sisson）约于1730年首先研制的，后经改进成型，正式用于英国大地测量中。1904年，德国开始生产玻璃度盘经纬仪。随着电子技术的发展，20世纪60年代出现了电子经纬仪。在此基础上，70年代制成电子速测仪。（摘自百度百科）

2. 经纬仪的结构

如图4-1所示，望远镜与竖盘固连，安装在仪器的支架上，这一部分称为仪器的照准部，属于仪器的上部。望远镜连同竖盘可绕横轴在垂直面内转动，望远镜的视准轴应与横轴正交，横轴应通过竖盘的刻划中心。照准部的竖轴（照准部旋转轴）插入仪器基座的轴套内，照准部可以做水平转动。

3. 分类

经纬仪根据度盘刻度和读数方式的不同，分为电子经纬仪和光学经纬仪（见图4-2）。目前我国主要使用光学经纬仪和电子经纬仪，游标经纬仪早已被淘汰。

光学经纬仪的水平度盘和竖直度盘用玻璃制成，在度盘平面的周围边缘刻有等间隔的分划线，两相邻分划线间距所对的圆心角称为度盘的格值，又称度盘的最小分格值。一般以格值的大小确定精度，分为：

DJ_6度盘格值为 1°；DJ_2度盘格值为 20′；DJ_1（T_3）度盘格值为 4′。

按精度从高到低分为：$DJ_{0.7}$、DJ_1、DJ_2、DJ_6、DJ_{30} 等（D、J 分别为大地和经纬仪的首字母）。

经纬仪是测量任务中用于测量角度的精密测量仪器，可用于测量角度、工程放样以及粗略的距离测取。整套仪器由仪器、脚架两部分组成。

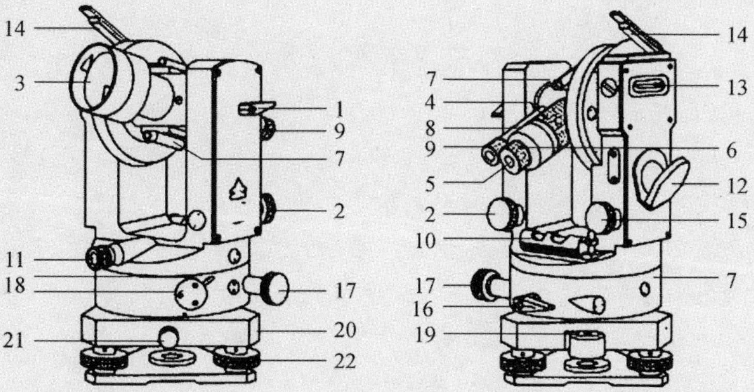

1—望远镜制动螺旋；2—望远镜微动螺旋；3—物镜；4—物镜调焦螺旋；5—目镜；
6—目镜调焦螺旋；7—粗瞄准器；8—度盘读数显微镜；9—度盘读数显微镜调焦螺旋；
10—照准部管水准器；11—光学对中器；12—度盘照明反光镜；13—竖盘指标管水准器；
14—竖盘指标管水准器观察反射镜；15—竖盘指标管水准器微动螺旋；
16—水平方向制动螺旋；17—水平方向微动螺旋；
18—水平度盘变换手轮与保护盖；19—圆水准器；
20—基座；21—轴套固定螺旋；
22—脚螺旋。

图 4-1 DJ_6 光学经纬仪

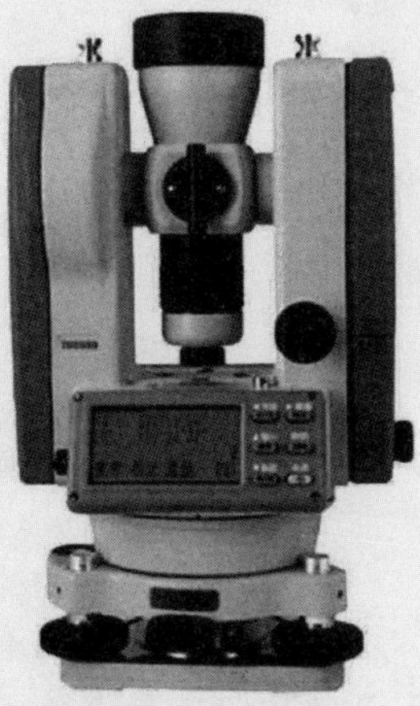

图 4-2 光学经纬仪

4. 作用

（1）确定地理位置：经纬仪可以测量地球上任意点的经度和纬度。经度表示一个位置相对于本初子午线的东西方位置，而纬度表示位置相对于地球赤道的南北位置。通过测量经纬度，我们可以准确地确定一个地点在地球表面的位置。

（2）地图制作和测绘：经纬仪是制作地图和测绘工作中的重要工具。通过使用经纬仪进行地理位置的测量，人们可以绘制出准确的地图，并帮助绘制国界、地理特征、地形等详细信息。

（3）航海导航：在航海中，经纬仪是一种关键的导航工具。通过测量太阳、星星或其他天体的高度角和方位角，结合时间和天文数据，航海员可以使用经纬仪计算船舶所在的经度和纬度，从而确定船舶的精确位置。

（4）天文观测：经纬仪也是天文学中的重要仪器。通过测量天体的赤经和赤纬，可以确定天体在天球上的位置，帮助天文学家进行观测和研究。

综上所述，经纬仪在地理学、天文学和航海导航等领域发挥着重要的作用，帮助我们准确测量地球上的位置和导航航海。

任务驱动

任务一　角度测量的原理

【能力目标】

（1）能绘图说明角度测量原理。
（2）理解水平角和竖直角的概念及取值范围。

【任务描述】

每小组讨论交流，并能绘图说明角度测量的原理。

【任务导航】

（一）水平角及其测量原理

1. 水平角的概念

相交两条空间直线在同一水平面上的垂直投影的夹角称为水平角 β。

2. 水平角测量原理

如图 4-3 所示，在 O 点的上方水平地安置一个带有刻度的圆盘，使圆盘中心在过 O 点的铅垂线上；通过 OA 和 OB 水平角和竖直角各作一铅垂面，设这两个铅垂面在刻度盘上截取的读数分别为 a 和 b，则水平角 β 的角值为：$\beta=b-a$。

经纬仪就是根据上述基本原理设计制造的测角仪器。

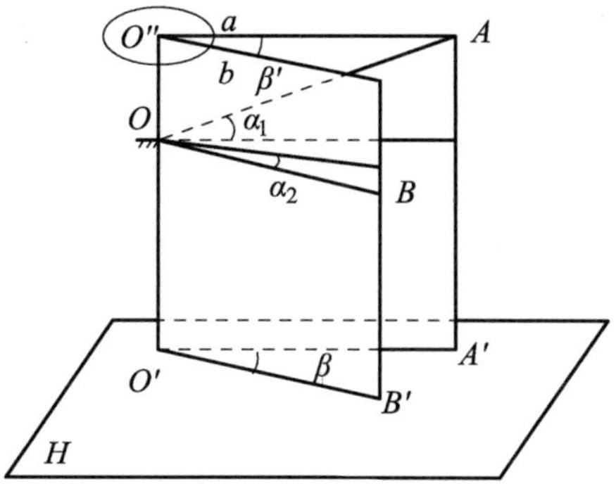

图 4-3　水平角测量原理图

（二）竖直角及其测量原理

1. 竖直角的概念

空间直线与水平线在同一竖直面内的夹角称为竖直角，用 α 表示。夹角在水平线之上的为仰角，角值范围为 0°～90°；夹角在水平线之下的为俯角，角值范围为 –90°～0°。

2. 竖直角的测量原理

如图 4-4 所示，过 O 点的铅垂面上安装一个具有刻度的竖直圆盘，在圆盘中心设置一个可转动的瞄准和读数装置，分别读取目标视线和水平视线的读数。则竖直角 α = 目标线读数 – 水平线读数，$\beta = b - a$。

按上述基本原理设计制造的经纬仪是测量竖直角的仪器。

图 4-4 所示为竖直角测量原理。

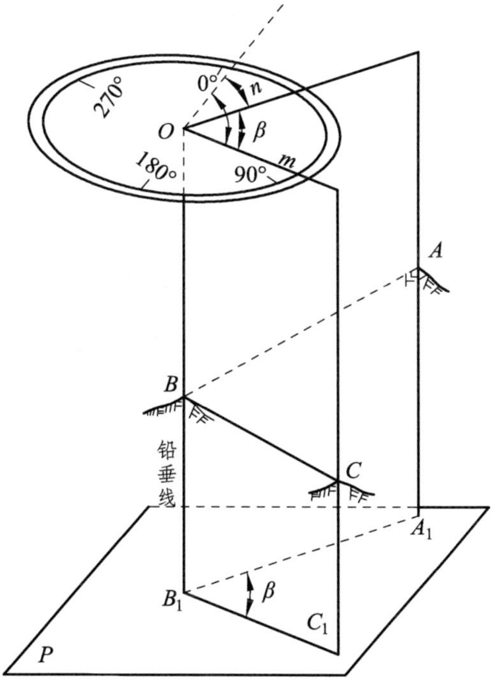

图 4-4　竖直角测量原理图

【任务实施】

（一）方法与步骤

（1）认识 DJ_6 型光学经纬仪（电子经纬仪）。

（2）准备相关工具，包括铅笔、橡皮擦、记录簿、计算器、任务工作单、学生工作页、教材等。

（二）操作步骤

（1）仪器安置在测站上，对中、整平后，盘左照准左目标 A，用度盘变换手轮使起始读数略大于 0°02′，关上度盘变换手轮保险，将起始读数记入手簿；松开照准部制动螺旋，顺时针转动照准部，照准右目标 B，读数并记入手簿，称为上半测回。

（2）转动望远镜，将其由盘左位置转换为盘右位置，首先照准右目标 B，读数并记入手簿，松开制动螺旋，逆时针旋转照准部照准左目标 A，读数并记入手簿，称为下半测回（上半测回和下半测回称为一个测回）。

（3）测完第一测回后，应检查水准管气泡是否偏离；若气泡偏离值小于 1 格，则可测第二测回。第二测回开始前，起始读数要设置在 90°02′ 左右，再重复第一测回的各步骤。当两个测回间的测回差不超过 ±24″ 时，再取平均值。

● 知识闯关与能力训练

1. 如何理解水平角的测量原理及取值范围？

2. 如何理解竖直角的测量原理及取值范围？

任务二　用测回法观测三角形的三个内角

【能力目标】

能按要求进行配置度盘、观测水平角、正确记录及计算、检核。

【任务描述】

用测回法观测三角形的三个内角（两个测回），并能够运用三角形的内角定理对三角形的内角进行检验。

【任务导航】

一、光学经纬仪的型号和精度等级

1. 光学经纬仪的型号

光学经纬仪的型号分为 DJ_{05}、DJ_1、DJ_2、DJ_6 和 DJ_{15}，其中“DJ”表示大地经纬仪。

2. 光学经纬仪的等级

经纬仪的精度等级通常分为一级、二级、三级和四级。其中，一级经纬仪是最高精度的仪器，其测量精度可以达到0.1″，适用于高精度的地图制作和科学研究。二级经纬仪的测量精度为0.2″，适用于一般地图制作和航海等领域。三级经纬仪的测量精度为0.5″，适用于一般的地质勘探和测量工作。四级经纬仪的测量精度为1″，适用于一般的测量工作和初步的地图制作。

二、DJ_6 型光学经纬仪的构造

DJ_6 型光学经纬仪主要由照准部、水平度盘和基座三部分组成，如图 4-5 所示。

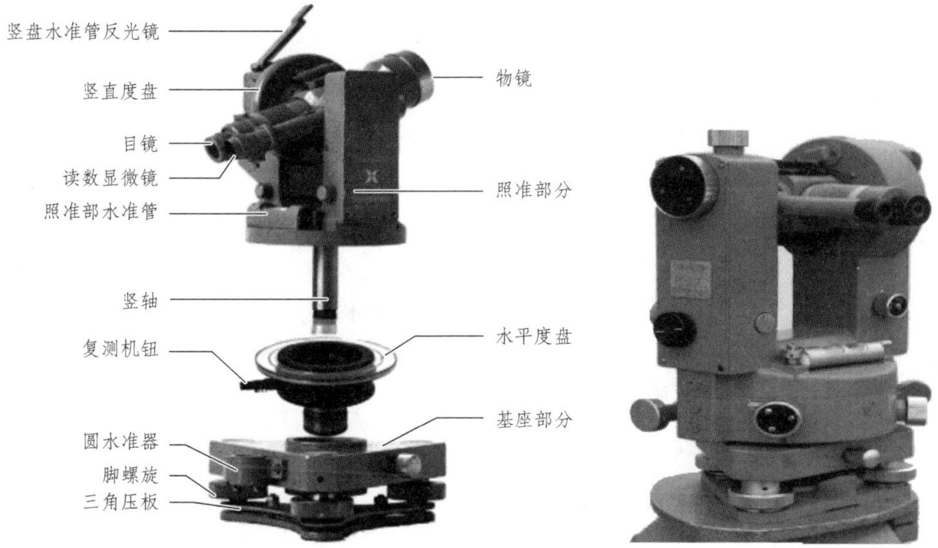

图 4-5　DJ_6 型光学经纬仪

经纬仪应具备的条件：

（1）圆盘中心必须处于角顶点的铅垂线上。

（2）有一个能置于水平位置带刻线的圆盘。

（3）望远镜不仅能在水平方向转动，而且可以在竖直方向转动，以瞄准不同方向不同高度的目标。

（4）具有一个读数设备。

经纬仪是用于测定水平角和竖直角的仪器，有光学经纬仪和电子经纬仪之分。

常用的光学经纬仪型号有：DJ_{07}、DJ_1、DJ_2、DJ_6、DJ_{15}。

DJ_6 型光学经纬仪的基本构造如图 4-6 所示。

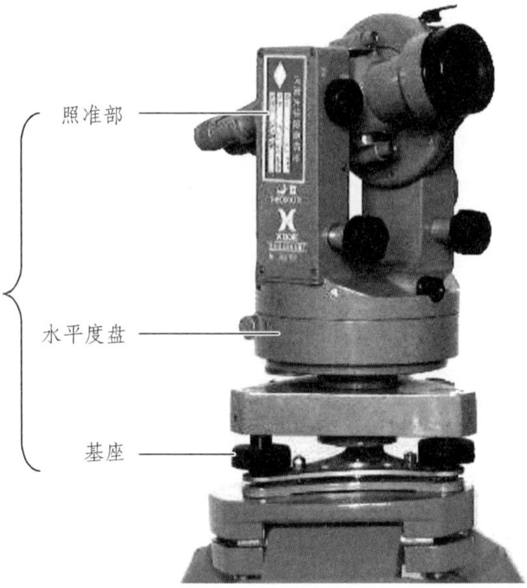

图 4-6　DJ_6 型光学经纬仪的基本构造

1．照准部

经纬仪上部能绕竖轴旋转部分为照准部，照准部由竖轴、望远镜、竖直度盘、读数设备、水准管和光学对中器等组成。

（1）竖轴。

照准部的旋转轴称为仪器的竖轴。

（2）望远镜。

望远镜由物镜、调焦螺旋、目镜、十字丝分划板和横轴组成。

（3）竖直度盘。

随望远镜转动用于测量竖直角刻度盘。

（4）读数设备。

读取水平度盘和竖直度盘的读数值。

（5）水准管。

精确整平经纬仪的管水准器。

（6）光学对中器。

使水平度盘中心在测站点的铅垂线上。

2．水平度盘

水平度盘用于测量水平角。由光学玻璃刻有按顺时针方向注记的 0～360° 的圆环。

3．基座

基座用于支承、调平和连接经纬仪。

三、读数设备及读数方法

DJ_6 型光学经纬仪常用分微尺测微器和单平板玻璃测微器读数设备。

1. 分微尺测微器及读数

如图 4-7 所示读数显微镜内有水平度盘和竖直度盘两读数窗，先读指标线上的注记度数，再读指标线切的分秒数。

2. 单平板玻璃测微器及读数

如图 4-7 所示读数显微镜内有三个读数窗。读数时先转动测微轮使度盘刻划线位于双指标线中，读出双指标线中间的度数，再读上面测微尺上的分秒数。

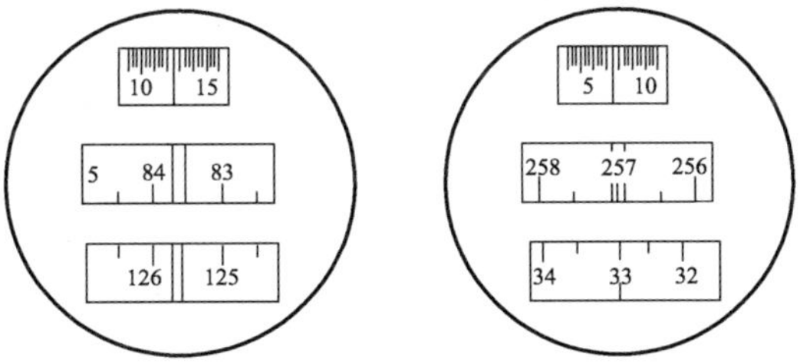

（a）　　　　（b）

图 4-7　单平板玻璃测微器读数

四、经纬仪的使用

（一）安置仪器

安置仪器是将经纬仪安置在测站点上，安置内容为对中和整平两项。

1. 初步对中整平

1）锤球对中

（1）调整架高，安置脚架在测站点上，挂锤球移动架腿使架头大致水平和锤球尖大致对准测站点，踩实架腿。

（2）将经纬仪连接在架头上，调脚螺旋使圆水准气泡居中。

（3）旋松连接螺旋，在架头上移动经纬仪，使锤球尖精确对准测站点标志中心，然后旋紧连接螺旋。

2）光学对中器对中

（1）在测站点上安置脚架，在架头上连接经纬仪，调节对中器，使对中器内的小圆圈和测站点的影像清晰。

（2）转动架腿，使光学对中器对准测站标志，伸缩架腿使圆水准器气泡居中。

2. 精确对中和整平

1）整平（见图 4-8）

（1）转动照准部使水准管平行于任意一对脚螺旋的连线。

（2）两手同时向内或向外转动这两个脚螺旋使气泡居中。

（3）照准部转动 90°，转动第三个脚螺旋使水准管气泡居中。

（4）将照准部转回原位置，检查气泡是否居中，否则再调。

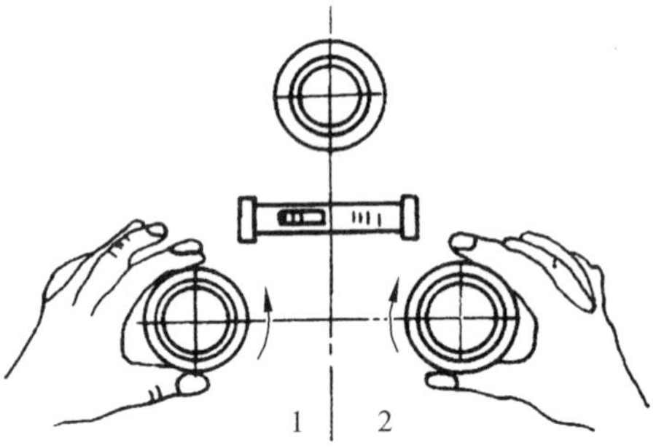

（a）左右手同时向内旋转脚螺旋

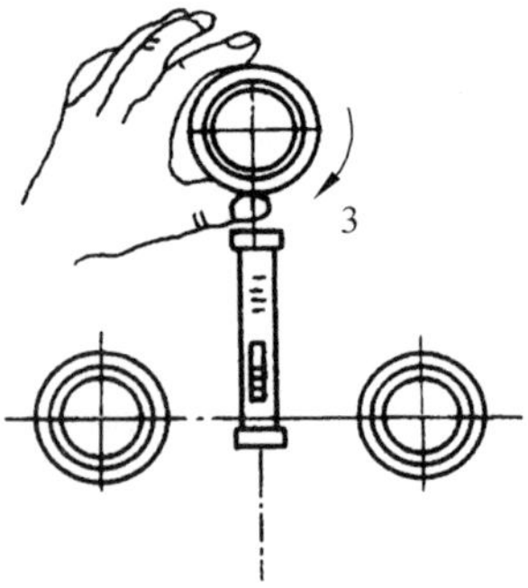

（b）左手顺时针旋转脚螺旋

图 4-8　经纬仪的整平

2）对中

旋松连接螺旋，在架头上移动经纬仪，使锤球尖精确对准测站点，或使对中器的中心与测站点标志重合，再旋紧连接螺旋。

对中和整平，一般需要经几次“整平—对中—整平”的过程，直至整平和对中符合要求为止。

（二）瞄准目标

（1）调节目镜对光螺旋，使十字丝清晰。

（2）用缺口和准星粗略对准目标，拧紧制动螺旋。

（3）调节物镜对光螺旋，使目标影像清晰，消除视差。

（4）转动微动螺旋，精确瞄准目标，如图 4-9 所示。

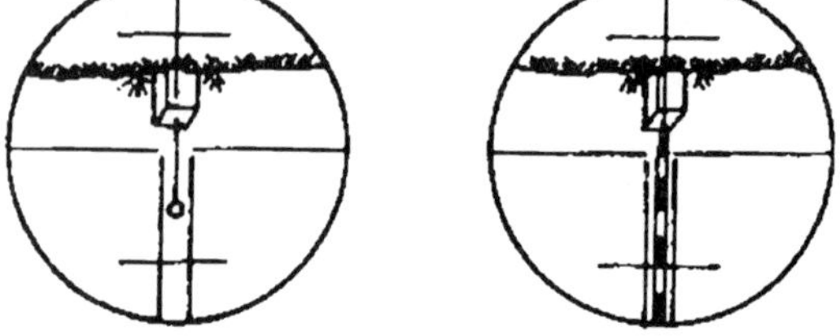

图 4-9　瞄准目标

（三）读数

（1）打开和调节反光镜面位置使读数窗亮度适中。

（2）转动读数显微镜对光螺旋，使度盘、测微尺及指标线的影像清晰。

（3）根据仪器的读数设备按前述的读数方法进行读数。

五、测回法

测回法适用于观测两个方向之间的单角，如图 4-10 所示。测回法的观测方法如下：

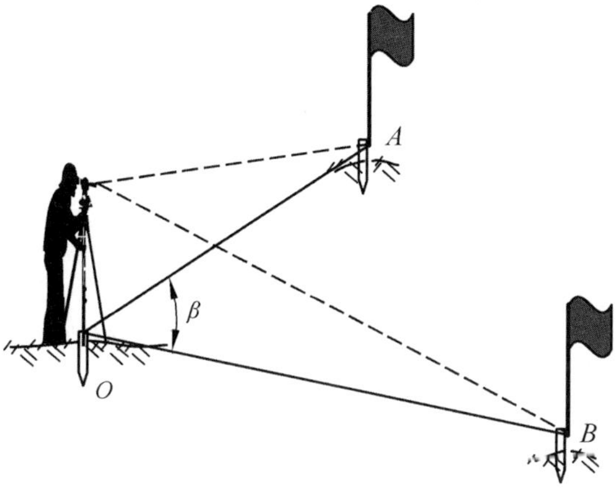

图 4-10　水平角测量（测回法）

（1）在测站点 O 安置经纬仪，在 A、B 两点竖立测杆或测钎。

（2）转动照准部，盘左先瞄准左目标 A，读取水平度盘读数 a_L。

（3）顺时针转动照准部，瞄准右目标 B，读取水平度盘读数 b_L。

（4）上半测回，盘左位置的水平角角值为：$\beta_L = b_L - a_L$。

（5）倒转望远镜，盘右瞄准右目标 B，读取水平度盘读数 b_R。

（6）逆时针转动照准部，瞄准左目标 A，读取水平度盘读数 a_R。

（7）下半测回盘右的水平角角值为：$\beta_R = b_R - a_R$。

（8）一测回角值为：$\beta_1 = 1/2(\beta_L + \beta_R)$。

【任务实施】

（一）工具仪器

DJ_6 型光学经纬仪（或电子经纬仪）、铅笔、橡皮擦、记录簿、计算器、任务工作单、学生工作页、教材、教案。

（二）操作步骤

（1）仪器安置在测站上，对中、整平后，盘左照准左目标 A，用度盘变换手轮使起始读数略大于 0°02′，关上度盘变换手轮保险，将起始读数记入手簿；松开照准部制动螺旋，顺时针转动照准部，照准右目标 B，读数并记入手簿，称为上半测回，如图 4-11 所示。

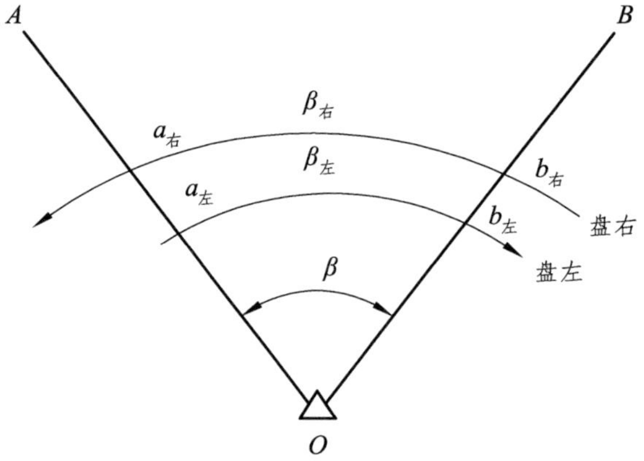

图 4-11　测回法半测回示意图

（2）转动望远镜，将其由盘左位置转换为盘右位置，首先照准右目标 B，读数并记入手簿，松开制动螺旋，逆时针旋转照准部，照准左目标 A，读数并记入手簿，称为下半测回（上半测回和下半测回称为一个测回）。

（3）测完第一测回后，应检查水准管气泡是否偏离；若气泡偏离值小于 1 格，则可测第二测回。第二测回开始前，起始读数要设置在 90°02′ 左右，再重复第一测回的各步骤。当两个测回间的测回差不超过 ±24″ 时，再取平均值。

（三）注意事项

在掌握测回法测水平角的基本知识的基础上，首先在实习场地任选三点使其构成任意三角形，然后用测回法测出其三个内角的值，最后要运用三角形内角定理进行检验。

知识闯关与能力训练

一、名词解释

1. 水平角：

2. 竖直角：

二、选择题

1. 经纬仪在测站上安置是先对中后整平，通过对中达到（　　）。
   A. 水平度盘中心与测站在同一铅垂线上
   B. 仪器中心螺旋的中心与测站在同一铅垂线上
   C. 仪器基座中心线与测站在同一铅垂线上
2. 水平角观测时，各测回间要求变换度盘位置，其目的是（　　）。
   A. 改变起始方向的度盘度数
   B. 减小度盘偏心差的影响
   C. 便于检查观测的粗差
   D. 减弱度盘刻划误差的影响
3. 观测水平角时，采用盘左、盘右取中的观测方法，不能消除（　　）。
   A. 横轴误差对读数的影响
   B. 视准轴误差对读数的影响
   C. 竖轴倾斜对读数的影响

三、用测回法观测∠*AOB*，观测数据列于表 4-1 中，并完成记录计算（计算取至秒）

表 4-1　测回法观测∠*AOB* 数据记录

测站	目标	盘位	水平度盘读数	水平角	
				半测回值	测回值
O	*A*	L	0°　00′　24″		
	B		91°　56′　06″		
	B	R	271°　56′　54″		
	A		180°　00′　36″		

任务三　在一测站上用全圆方向观测法观测四个方向的水平角

【能力目标】

能按要求对经纬仪进行配置度盘、全圆方向观测、记录、计算、检核。

【任务描述】

在一测站上用全圆方向观测法观测四个方向的水平角，并能独立配置度盘、观测、记录、计算、检核。

【任务导航】

以某目标方向为起始方向依次观测其余各个目标的观测法为方向观测法。方向观测法适用于在一个测站上观测两个以上的目标。

1．观测方法

（1）将经纬仪安置在测站点 O 上对中、整平。

经纬仪置于盘左，将水平度盘读数调至略大于 0°，选定瞄准起始目标方向。

（2）顺时针方向旋转照准部，依次瞄准 C、D、A、B、C 各目标，分别读取水平度盘读数，为上半测回。

（3）盘右位置逆时针方向依次照准目标 C、B、A、D、C，分别读取水平度盘读数，为下半测回。

起始方向两次读数之差的绝对值称为归零值，半测回归零差绝对值小于18″，上、下两个半测回为一测回。为提高精度，可观测 n 个测回。

全圆测回法测量水平角顺序如图 4-12 所示。

盘左：$A \to B \to C \to D \to A$（归零）。

盘右：$A \to D \to C \to B \to A$。

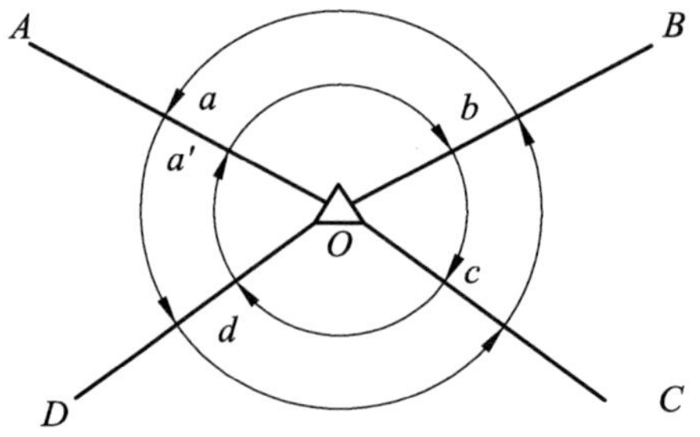

图 4-12　全圆方向法观测水平角示意图

2．方向观测法的计算方法

（1）计算两倍视准轴误差 $2c$ 值。

$2c$ = 盘左读数 −（盘右读数 ± 180°），一测回内各方向 $2c$ 值互差不应超过表 4-2 中规定的值。

表 4-2　角度测量方向观测的技术要求

等级	仪器等级	光学测微器两次符合读数之差（″）	半测回归零差（″）	一测回 $2c$ 互差的限值（″）	同一方向值各测回互差（″）
四级及以上	1″级	1	6	9	6
	2″级	3	8	13	9
一级及以下	2″级	—	12	18	12
	6″级	—	18	—	24

（2）计算各方向的平均读数。

平均读数=1/2[盘左读数+（盘右读数 ± 180°）]，起始方向有两个平均读数应再取其平均值。

（3）计算归零方向值。

归零方向值=各方向的平均读数 − 起始方向的再平均读数，起始方向归零后的方向值为零。

（4）计算各测回归零后方向值的平均值

将各测回同一方向归零后的方向值取平均数，作为各方向的最后结果。

（5）计算各目标间水平角角值：相邻两方向值相减即可求得。

【任务实施】

（一）工具仪器

DJ_6 型光学经纬仪（或电子经纬仪）、铅笔、橡皮擦、记录簿、计算器、任务工作单、学生工作页、教材、教案。

（二）操作步骤

（1）将仪器安置在测站上，对中、整平后，选择一个通视良好、目标清晰的方向作为起始方向。

（2）盘左观测。先照准起始方向（称为 *A* 点），使度盘读数置于 0°01′ 左右，读数记入手簿；然后顺时针转动照准部，依次瞄准 *B*、*C*、*D*、*A* 点，将读数记入手簿。

（3）倒转望远镜，盘右观测。从 *A* 点开始，逆时针依次瞄准 *D*、*C*、*B*、*A*，读数记入手簿。

（4）根据观测结果计算 $2c$ 值和各方向平均读数，再计算归零后的方向值。

（5）计算各测回平均方向值和水平角。

（三）注意事项

（1）配置度盘是否正确?

（2）操作的每一步骤是否明确清楚？是否注意操作中的细节?

（3）各项限差是否在允许的范围之内?

（4）是否能正确计算和检核各项测值?

● 知识闯关与能力训练

一、填空题

1. 水平角观测时，采用正倒镜观测主要是为了消除________误差和________误差对观测角度的影响。

2. 微动螺旋必须使用________部分，其理由是________________。

3. 经纬仪主要轴线之间关系应满足的条件是：________、________、________。

4. 水平角观测时，不同测回之间起始方向变动度盘位置，其目的是________________。

二、完成表 4-3 中全圆方向观测法计算

表 4-3　全圆方向观测法计算

测站	目标	水平度盘读数		2c	平均读数	归零方向值	各测回归零方向平均值
		盘左	盘右				
O	A	0° 00′ 10″	180° 01′ 40″				
	B	95° 48′ 15″	275° 48′ 30″				
	C	157° 33′ 05″	337° 33′ 10″				
	D	218° 07′ 30″	38° 07′ 20″				
	A	0° 01′ 20″	180° 01′ 36″				

任务四　在一个测站上进行竖直角测量

【能力目标】

能按要求进行竖直角观测、记录，会计算和检核。

【任务描述】

在一个测站上进行竖直角测量，并能计算出相应竖直角、竖盘指标差的值。

【任务导航】

一、竖直度盘构造

光学经纬仪竖直度盘包括竖直度盘、竖盘指标、竖盘指标水准管和竖盘指标水准管微动螺旋，如图 4-13 所示。

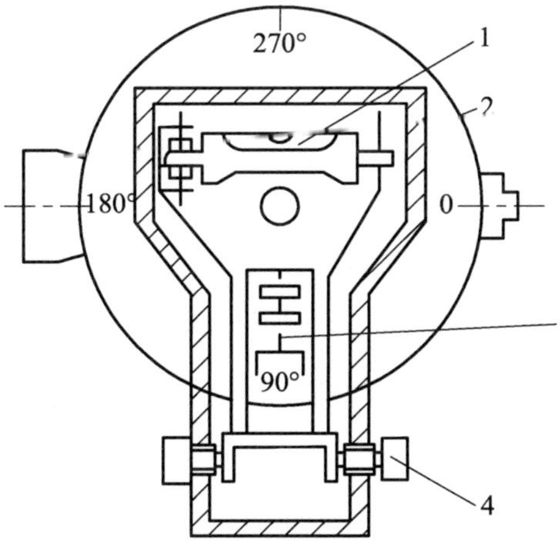

1—竖盘指标水准管；2—竖直度盘；3—竖盘指标；4—竖盘指标水准管微动螺旋。

图 4-13　竖直度盘的构造

竖直度盘是由光学玻璃制成的并刻有 0°～360°的圆环，一般顺时针注记。竖直度盘固定在横轴的一端，当望远镜在竖直面内转动时，竖直度盘也随之转动，而用于读数的竖盘指标则不动。竖盘指标水准管气泡居中时，竖盘指标所处的位置称为正确位置。

竖直度盘构造的特点是：望远镜视线水平，竖盘指标水准管气泡居中时，盘左的竖盘读数为 90°，盘右的竖盘读数为 270°。

竖直角的定义：地面上的直线与其水平投影线（水平视线）间的夹角，如图 4-14 所示。

竖直角一般用 α 表示，如果倾斜视线方向在水平线上方，该竖直角称为仰角，为正竖直角，用 $+\alpha$ 表示；如果倾斜视线方向在水平线下方，该竖直角称为俯角，为负竖直角，用 $-\alpha$ 表示（见图 4-15）。竖直角角值范围在 $-90°\sim0°\sim+90°$之间。

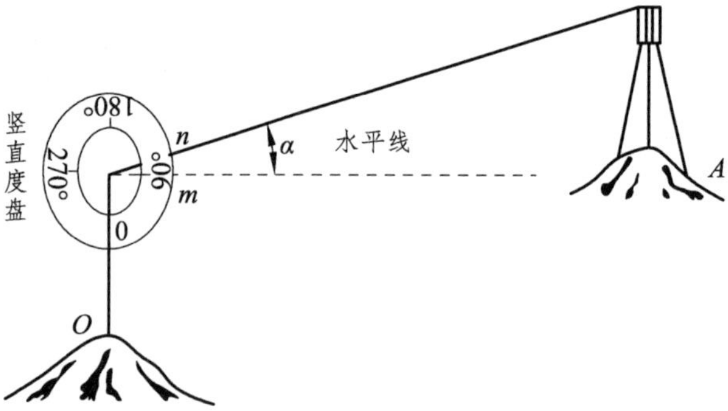

图 4-14 竖直角

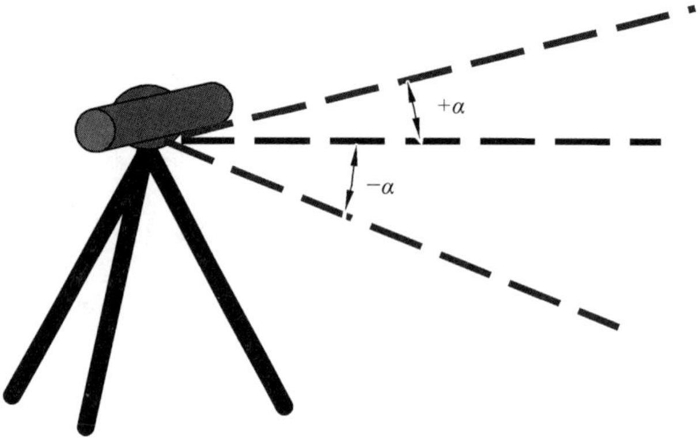

图 4-15 竖直角（仰角、俯角）

1. 竖直角计算公式推导

当指标水准管气泡居中时，盘左指标线所指的度数不一定恰好就是 90°或者 0°，盘右不一定正好是 270°或 180°，即存在一个竖盘指标差 i，如图 4-16 所示。

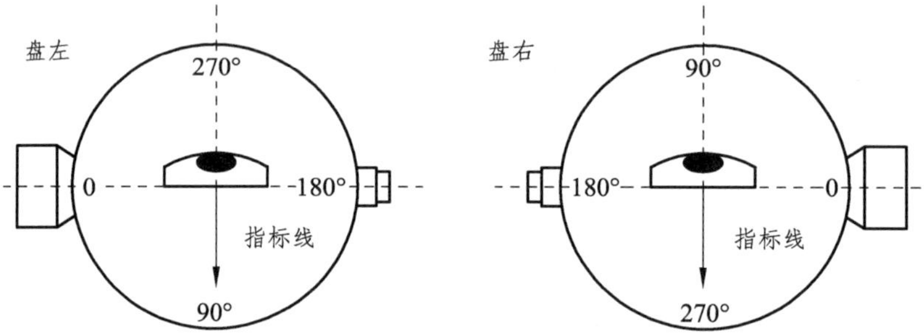

图 4-16 竖盘指标差

竖直角计算公式推导：

$$\alpha_{左}=\left(90^{\circ}+i\right)-L$$

$$\alpha_{右}=R-\left(270^{\circ}+i\right)$$

竖盘指标差的计算：

$$i=\frac{1}{2}\left(L+R-360^{\circ}\right)=\frac{1}{2}\left(\alpha_{右}-\alpha_{左}\right)$$

2. 竖直角观测方法

（1）在测站安置经纬仪，对中、整平。

（2）盘左用中丝精确瞄准目标，调节指标水准管气泡居中，读数 L（V）。

（3）盘右用中丝精确瞄准目标，调节指标水准管气泡居中，读数 R（V）。

将竖直角观测记录填入表 4-4 中。

表 4-4　竖直角观测记录

测站	目标	竖盘位置	竖盘读数（° ′ ″）	半测回角值（° ′ ″）	一测回角值（° ′ ″）
A	B	盘左	87 52 18	+2 07 42	+2 07 36
		盘右	272 07 30	+2 07 30	
	C	盘左	93 16 54	−3 16 54	−3 16 45
		盘右	266 43 24	−3 16 36	

二、竖直角观测和计算

1. 竖直角计算公式推导

（1）盘左位置：视线水平时，竖盘读数为 90°。当瞄准一目标时，竖盘读数为 L，则盘左竖直角 α_L 为：

$$\alpha_{\mathrm{L}} = 90° - L$$

（2）盘右位置：视线水平时，竖盘读数为 270°。当瞄准原目标时，竖盘读数为 R，则盘右竖直角 α_R 为：

$$\alpha_{\mathrm{R}} = R - 270°$$

（3）盘左、盘右两个竖直角取平均值，得竖直角 α 计算公式为：

$$\alpha = \frac{1}{2}(\alpha_{\mathrm{L}} + \alpha_{\mathrm{R}})$$

仰角时：α = 瞄准目标时竖盘读数 − 视线水平时竖盘读数。

俯角时：α = 视线水平时竖盘读数 − 瞄准目标时竖盘读数。

2. 竖直角观测和记录计算

1）竖直角观测（见图 4-17）

（1）在测站点安置对中整平经纬仪。

（2）盘左瞄准目标，调焦，用十字丝中心精确瞄准目标。

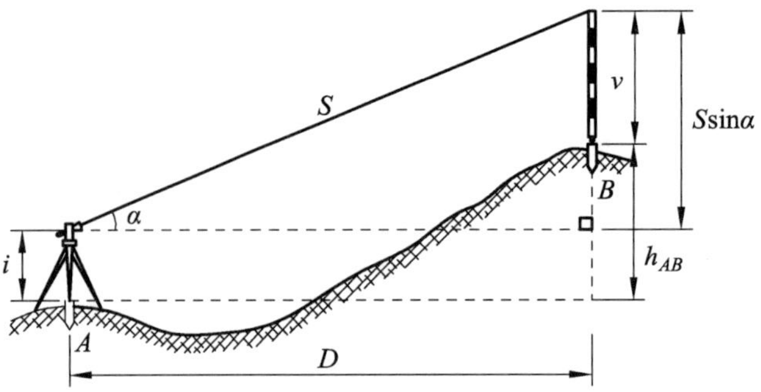

图 4-17　竖直角观测

（3）调竖盘水准管微动螺旋，使竖盘水准管气泡居中。

（4）读取竖盘读数 L。

（5）盘右瞄准目标使竖盘水准管气泡居中，读取竖盘读数 R。

以上为一个竖直角测回，为提高精度可进行多测回。

2）记录和计算（见表 4-5）

表 4-5　竖直角记录和计算

测站	目标	竖盘位置	竖盘读数（° ′ ″）	半测回角值（° ′ ″）	指标差（″）	一测回角值（° ′ ″）	备注
A	B	盘左	71 12 36	+18 47 24	−12	+18 47 12	
		盘右	288 47 00	+18 47 00			
	C	盘左	96 18 42	−6 18 42	−9	−6 18 51	
		盘右	236 41 00	−6 19 00			

三、竖盘指标差

竖盘指标偏离正确位置的差值 x 角，称为竖盘指标差。竖盘指标差 x 有正负号，规定竖盘指标偏移方向与竖盘注记方向一致时 x 取正号，反之 x 取负号。

当指标偏离方向与竖盘注记方向一致时，使读数增大了一个 x 值，故此指标差 x 为正（$+x$），如图 4-18 所示；反之指标差偏离方向与竖盘注记方向相反时，则读数中减小了一个 x 值，故此指标差 x 为负（$-x$）。

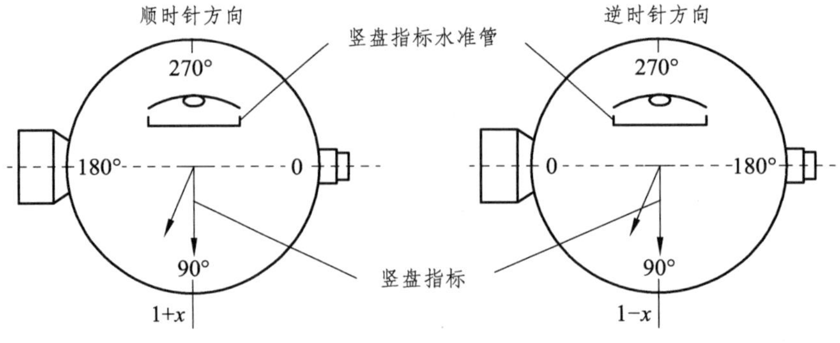

图 4-18　竖直度盘刻度注记（盘左位置）

盘左位置，正确的竖直角计算公式为

$$\alpha = 90° - L + x = \alpha_{左} + x$$

盘右位置，正确的竖直角计算公式为

$$\alpha = R - 270° - x = \alpha_{右} - x$$

将以上两式相加并除以 2，得

$$\alpha = \frac{1}{2}(\alpha_{左} + \alpha_{右}) = \frac{1}{2}(R - L - 180°)$$

用盘左、盘右观测，取平均值作为竖直角的观测结果，可消除竖盘指标差的影响。将上式相减并除以 2，得竖盘指标差计算公式：

$$x = \frac{1}{2}(L + R) - 180°$$

指标差互差可反映观测成果的精度。有关规范规定：竖直角观测时，指标差互差的限差，DJ_2 型仪器不得超过 ±15″；DJ_6 型仪器不得超过 ±25″。有些光学经纬仪采用了竖盘指标自动归零装置。

【任务实施】

（一）工具仪器

DJ_6 型光学经纬仪（或电子经纬仪）、铅笔、橡皮擦、记录簿、计算器、任务工作单、学生工作页、教材、教案。

（二）操作步骤

（1）盘左照准目标，用竖盘指标水准管的微倾螺旋使竖盘指标水准管气泡居中，读取竖盘读数，记入手簿。

（2）盘右瞄准目标，再次使竖盘气泡居中，读数并记入手簿。

（3）竖直角及指标差的计算。

● 知识闯关与能力训练

一、问答题

1. 如何理解竖直角、竖盘指标差的概念?

2. 如何理解竖直角的测量原理?

二、操作题

完成表 4-6 中各栏，并计算竖直角值和指标差。已知该经纬仪盘左望远镜抬高时，竖盘读数是减少的，请绘图说明该经纬仪竖盘刻划的类型（要求图中标注竖盘刻划、望远镜和指标线）。

表 4-6　竖直角记录

测站	盘位	竖盘读数（° ′ ″）	竖直角值		指标差
			近似竖直角值	测回值	
A	盘左	78　18　18			
	盘右	281　42　00			
A	盘左	96　32　48			
	盘右	263　27　40			

任务五　角度测量误差及注意事项

【能力目标】

会分析和判断角度测量的误差。

【任务描述】

（1）虽然仪器经过检验和校正，但总会有残余的误差存在，分析水平角仪器误差有哪些?

（2）对观测误差的理解。

【任务导航】

一、角度测量的误差

1. 仪器误差

仪器误差主要包括仪器制造加工不完善所引起的误差和仪器校正不完善所引起的误差，主要有视准轴误差、横轴误差、竖轴误差、度盘偏心差等。

1）视准轴误差

视准轴误差是由于视准轴不垂直横轴引起的水平方向读数存在的误差，随竖直角增大而增大。由于盘左、盘右观测时该误差的符号相反，因此可以采用盘左、盘右观测取平均值的方法予以消除。

2）横轴误差

横轴误差是由于横轴与竖轴不垂直引起的水平方向读数存在的误差，随竖直角增大而增大，对两等高目标观测时误差为 0。由于盘左、盘右观测时该误差的符号相反，因此可以采用盘左、盘右观测取平均值的方法予以消除。

3）竖轴误差

竖轴误差是由于水准管轴不垂直于竖轴，或水准管轴不水平而引起的误差，随竖直角增大而增大，与横轴所处的方向有关。竖轴误差只能通过校正尽量减少残余误差。

4）度盘偏心差

经纬仪照准部旋转中心与水平度盘分划中心不完全重合而存在的误差，随照准方向而异，照准方向垂直于偏心方向时对水平方向读数影响最大。度盘偏心差可以采用盘左、盘右观测取平均值的方法予以消除。

5）度盘刻画不均匀误差

由于度盘刻画不均匀引起的方向读数误差。在度盘制造时产生，可以通过配置度盘各测回起始读数的方法，使读数均匀地分布在度盘各个区域而予以减小。

6）竖盘指标差

由于竖盘指标水准管工作状态不正确，导致竖盘指标没有处在正确的位置，产生读数误差，竖盘指标差只影响对竖直角的测量。竖盘指标差可以采用盘左、盘右观测取平均值的方法予以消除。

2. 观测误差

1）对中误差

安置经纬仪没有严格对中，使仪器中心与测站中心不在同一铅垂线上引起的角度误差，称为对中误差。对中误差与距离、角度大小有关，当观测方向与偏心方向越接近90°，距离越短，偏心距越大，对水平角的影响越大。因此，对中引起的水平角观测误差与偏心距成正比，并与测站到观测点的距离成反比。在进行水平角观测时，仪器的对中误差不应超出相应规范规定的范围，特别对于短边的角度进行观测时，更应该精确对中。

2）整平误差

若仪器未能精确整平或在观测过程中气泡不再居中，竖轴就会偏离铅垂位置。整平误差不能用观测方法来消除，此项误差的影响与观测目标时视线竖直角的大小有关，当观测目标与仪器视线大致同高时，影响较小；当观测目标时，视线竖直角较大，则整平误差的影响明显增大，此时，应特别注意整平仪器。在测量过程中发现水准管气泡偏离零点超过一格时，应重新整平仪器，重新观测。

3）目标偏心误差

由于测点上的标杆倾斜而使照准目标偏离测点中心所产生的偏心差称为目标偏心误差。目标偏心差对水平方向的影响与照准点偏离目标中心的距离成正比，与边长成反比。为了减少目标偏心对水平角观测的影响，观测时标杆要准确竖直地放在地面测点上，且尽量照准标杆的底部，以减小目标偏心误差。

4）照准误差

照准误差主要与人眼的分辨能力和望远镜的放大倍率有关，人眼分辨两点的最小视角一般为60″。设经纬仪望远镜的放大倍率为 V，则用该仪器观测时，其瞄准误差为：2.0″～2.4″。一般 DJ_6 型光学经纬仪望远镜的放大倍率 V 为 25～30 倍，因此照准误差 m_V 一般为2.0″～2.4″。

另外，照准误差与目标的大小、形状、颜色和大气的透明度等也有关。因此，在观测中应尽量消除视差，选择适宜的照准标志，熟练操作仪器，掌握照准方法，并仔细照准目标以减小照准误差。大量实践经验证明：照准目标亮度适宜，清晰度好。对中杆粗细适中，双丝照准精度会提高一些。

5）读数误差

读数误差与读数设备、照明情况和观测者的经验有关。一般来说，主要取决于读数设备。对于 DJ_6 型光学经纬仪，用分微尺测微器读数，一般估读误差不超过分微尺最小分划的十分之一，即不超过±6″；对于 DJ_2 型光学经纬仪一般不超过±1″。如果反光镜进光情况不佳，读数显微镜调焦不好，以及观测者的操作不熟练，则估读的误差可能会超过上述数值。因此，读数时必须仔细调节读数显微镜，使度盘与测微尺影像清晰，也要仔细调整反光镜，使影像亮度适中，然后再仔细读数。使用测微轮时，一定要使度盘分划线位于双指标线正中央。另外在观测中尽可能地降低视差，提高观测精度。

3. 外界条件的影响

影响角度测量的外界因素很多，刮风、测区土质疏松会影响仪器的稳定；地面辐射热会影响空气的剧烈波动从而引起物象的模糊甚至跳动；空气的透明度和光线的强弱会影响照准的精度和读数，等等。这些因素都会在不同程度上影响测角的精度，要想完全避免这些影响是不可能的，大量实践证明：外界条件对误差的影响多数与时间有关系。因此，在角度观测时应注意选择有利的观测时间和天气条件，尽可能避开不利条件，以减少外界条件变化的影响。

【任务实施】

（一）工具仪器

DJ_6 型光学经纬仪（或电子经纬仪）、铅笔、橡皮擦、记录簿、计算器、任务工作单、学生工作页。

（二）操作步骤

测量误差的产生原因是多方面的，我们无法将其消除。通过误差产生的原因分析，可以通过合理的方法，采取相应的措施，使其消减到允许的误差范围之内。要达到这样的目的，需要观测者遵循规范要求，合理安排测量方法，降低或消减误差的产生，以达到更高精度的测量结果。

（三）注意事项

用经纬仪测角时，往往由于粗心大意而产生错误，如测角时仪器没有对中整平、望远镜照准目标不精确、度盘读数读错、记录记错，等等，因此，角度测量时必须注意以下几点：

（1）仪器安置的高度以到观测者的胸部为宜，三脚架要踩牢，仪器与三脚架连接要牢固；观测时不要用手扶或碰动三脚架，转动照准部和使用各螺旋时，用力要轻稳。

（2）对中、整平要准确，测角精度要求越高或边长越短的，对中要求越严格；观测目标之间高低相差较大时，更应注意仪器整平，以避免横轴误差的产生。

（3）在水平角观测过程中，如同一测回内发现照准部水准管气泡偏离居中位置，不允许重新调整水准管使气泡居中；若气泡偏离中央超过一格时，则需重新整平仪器，重新观测。

（4）观测竖直角时，每次读数之前，必须使竖盘指标水准管气泡居中或自动归零开关设置“ON”位置。

（5）观测时要消除视差，标杆要立直于测点上。水平角观测时，尽可能用纵丝照准标杆或测钎的底部；竖直角观测时，宜用十字丝中丝照准目标的观测部位。

（6）不要把水平度盘和竖直度盘读数弄混淆；记录要清楚，并当场计算校核，若误差超限应查明原因并重新观测。

（7）观测水平角时，同一个测回里不能转动度盘变换手轮或按水平度盘复测扳钮。

（8）在烈日或雨天进行观测时，应撑伞遮住仪器，以防暴晒或淋雨。

● 知识闯关与能力训练

一、名词解释

（1）水平角：

（2）竖直角：

二、填空题

1. 用测回法测量水平角时，计算角度总是用右目标读数减左目标读数，其原因是：________________________________。

2. 用带有度盘离合器（例如 $DJ_{6\text{-}1}$ 型）的经纬仪测量水平角，要求起始目标对准 0°01′开始观测，对准 0°01′的步骤是：

（1）________________________________；

（2）________________________________；

（3）________________________________。

三、单项选择题

1. 水平角观测时，为了克服微动螺旋弹簧疲劳迟滞现象，观测时应采用（　　）。

A. 照准部始终向一个方向旋转　　B. 微动螺旋使用中间部分

C. 每次转动微动螺旋最后以旋进结束　　D. 照准部要匀速旋转

2. 经纬仪在测站上安置是先对中后整平，通过对中达到（　　）。

A. 水平度盘中心与测站在同一铅垂线上

B. 仪器中心螺旋的中心与测站在同一铅垂线上

C. 仪器基座中心线与测站在同一铅垂线上

3. 水平角观测时，各测回间要求变换度盘位置，其目的是（　　）。

A. 改变起始方向的度盘度数

B. 减小度盘偏心差的影响

C. 便于检查观测的粗差

D. 减弱度盘刻划误差的影响

4. 观测水平角时，采用盘左、盘右取中的观测方法，不能消除（　　）。

A. 横轴误差对读数的影响

B. 视准轴误差对读数的影响

C. 竖轴倾斜对读数的影响

任务六　经纬仪的检验与校正

【能力目标】

能按要求进行经纬仪的检验与校核。

【任务描述】

对光学经纬仪进行检验与校核。

【任务导航】

一、经纬仪各主要轴线应满足的几何条件

根据观测水平角的原理，要测出水平角的准确数值，经纬仪的水平度盘必须处于水平位置；望远镜上下转动时，其视准轴所旋转的视准面应为一垂直平面。为了保证上述要求，经纬仪各轴线之间要满足下列几何条件（见图 4-19）。

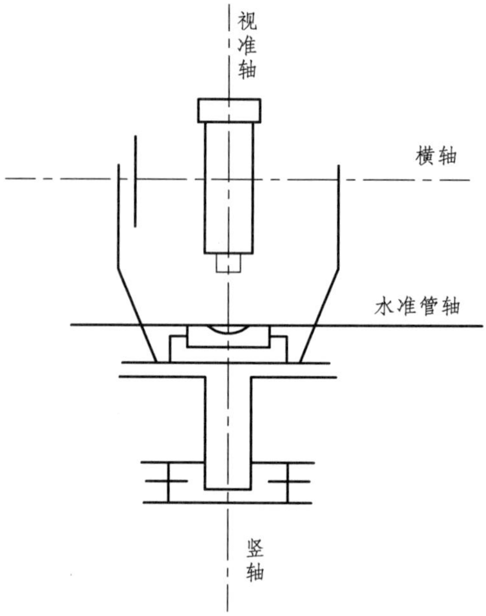

图 4-19　经纬仪各轴线之间要满足的几何条件

（1）照准部水准管轴与竖轴正交（LL⊥VV）。

（2）十字丝竖丝与横轴正交（竖丝⊥HH）。

（3）视准轴与横轴正交（CC⊥HH）。

（4）横轴与竖轴正交（HH⊥VV）。

（5）竖盘指针差应接近于零。

（6）竖轴应与水平度盘正交，且过度盘中心。

（7）水平轴应与竖盘面正交，且过度盘中心。

二、经纬仪的检验与校正

1. 上盘水准管轴应垂直于竖轴检验

将仪器大致置平，使上盘水准管和任意两脚螺旋平行，调整脚螺旋，使气泡居中。然后将上盘旋转 180°（可利用度盘读数），若气泡仍然居中，则表示条件满足，否则应进行校正。

校正：用校正针拨动水准管校正螺丝，使水准管的一端抬高或降低，让气泡退回偏离中点的一半，另一半调整脚螺旋使其居中。此项检验须反复进行，直至水准管不论轮到任何方向，气泡偏离中央不超过半格为止。为了便于仪器整平，有的仪器上装有圆水准器。圆水准器的校正可根据已校正好的水准管进行，即利用水准管将仪器置平，拨动圆水准器校正螺丝（一松一紧），使气泡居中。圆水准器亦可单独进行校正，其方法见水准仪的检验与校正。

2. 十字丝的竖丝应垂直于横轴检验

将仪器安平，使望远镜十字丝交点对准远方一点目标，旋紧度盘制动螺旋（如为游标经纬仪，则旋紧游标盘及度盘制动螺旋），然后旋转望远镜微动螺旋，使其上下微动，若该点始终都在竖丝上移动，则表示条件满足。如果偏离竖丝（见图 4-20），说明竖丝不垂直于横轴。

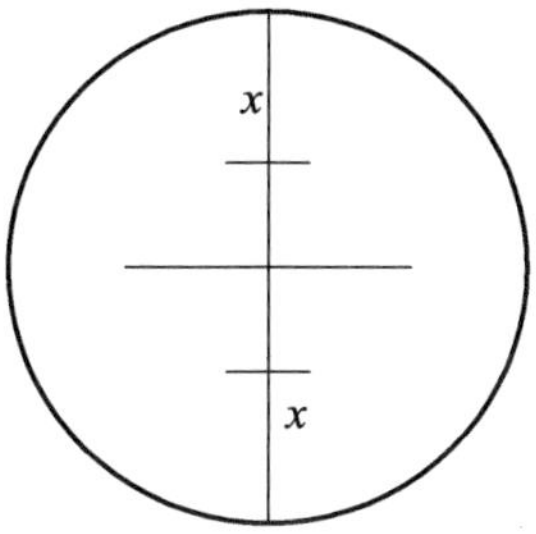

图 4-20　十字丝检验

校正：松开十字丝的两相邻校正螺丝，并转动十字丝环使其满足条件。校正好以后，将松动的螺丝旋紧。由于各种仪器望远镜目镜整套的结构各不相同，故校正方法也稍有差异。

3. 视准轴垂直于横轴检验

选一长为 60～100 m 的平坦场地，在一端设置一点 A，在另一端横置一分划尺 B，横尺要大致与 BA 方向垂直；安置仪器于 A、B 中间，并使三者的高度接近。用望远镜十字丝中心对准 A 点，固定照准部及水平度盘（游标经纬仪则固定上下盘），倒转望远镜读出横尺上所截之数，设为 B'（见图 4-21）；转动照准部 180°，重新瞄准 A 点，再倒转望远镜读出横尺上纵丝所截之数为 B''，如 B'、B'' 读数相同，则说明视准轴与横轴垂直，否则条件不满足，应进行校正。

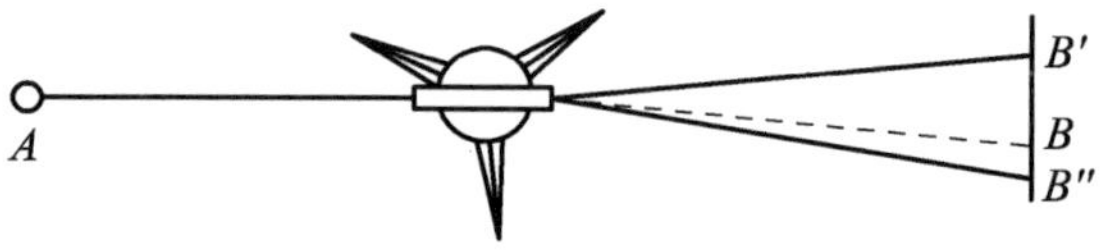

图 4-21　视准轴检验

校正：用十字丝竖丝进行校正，即将左右两个十字丝校正螺丝一松一紧，使竖丝从 B'' 移至 B，$B''B$ 为两次读数差的 1/4。在校正时，对上下两个校正螺丝中之一还应略微放松，以免两旁拉力过大，损坏螺丝螺纹和镜片。此项检验必须重复检查校正，直到条件满足。如果在 B 处不设置横尺，可在该处贴一张白纸，将 B'、B'' 投于纸上，然后在 B'、B'' 之间定一点 B，使 $B''B = B'B''/4$，按相同方法校正。

4. 横轴垂直于竖轴检验

在离建筑物 10 ~ 30 m 的 A 点安置仪器（见图 4-22），在建筑物上固定一横尺，使其大致垂直于视平面，并应与仪器高度大约相同。使望远镜向上倾斜 30° ~ 40°，用望远镜十字丝的交点照准建筑物高处一固定点 M，固定照准部（游标经纬仪则固定上下盘），不使其在水平方向转动，将望远镜放平，在横尺上得出读数 m_1；然后以倒镜位置瞄准 M 再向下俯视，在横尺上截取数值为 m_2，如果 m_1、m_2 不相同，则证明横轴不垂直于竖轴。

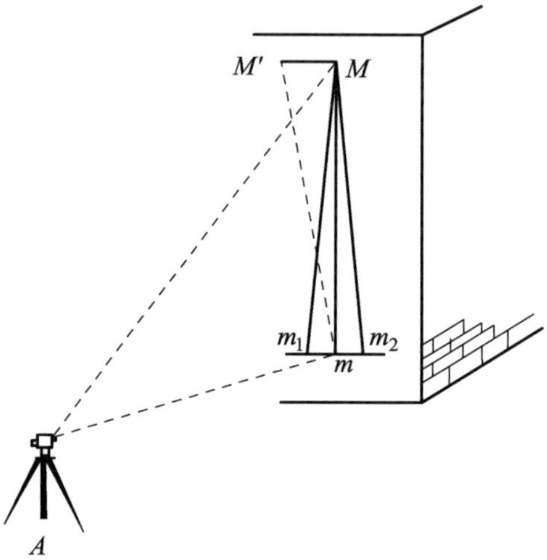

图 4-22　横轴检验

校正：以十字丝交点对准横尺上 m_1、m_2 两数的平均值 m（即 m_1m_2 的中点），然后固定照准部（游标经纬仪则固定上下盘），抬高望远镜，这时十字丝纵丝必不通过 M 点，而偏向点 M'，用校正针拨动支架上横轴校正螺丝，改变支架高度，即抬高或降低横轴的一端，使十字丝交点对准 M 点。这项检验也须反复进行 2～3 次才能使条件满足。如仪器上没有此项校正设备，校正时需在较低的一个支架上用锡纸垫高，使之符合要求。如在建筑物上 m 处不设置横尺，可于该处贴一白纸。以正倒镜瞄准 M 向下投出 m_1、m_2，然后取 m_1m_2 的中点 m，按同法校正。激光经纬仪的构造如图 4-23 所示，它是苏州第一光学仪器厂生产的 J-J 型激光经纬仪，它以 J 型光学经纬仪为基础，在望远镜上加装一只 He-Ne 气体激光器而成。由激光器发出的光束，经过一系列棱镜、透镜、光阑进入经纬仪的望远镜中（见图 4-24），再从望远镜的物镜端射向目标，并在目标处呈一明亮清晰的光斑（见图 4-25）。

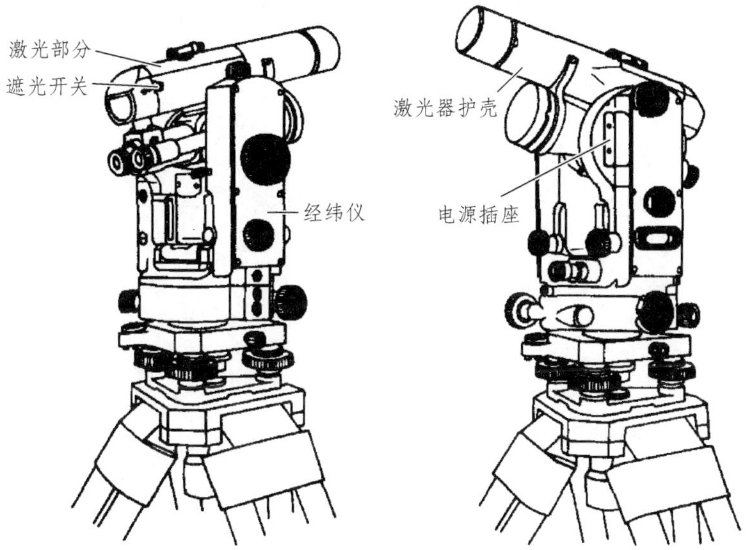

图 4-23 激光经纬仪

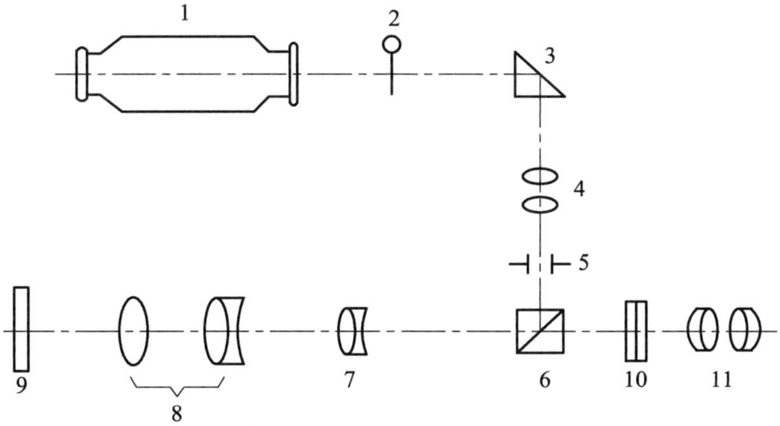

1—He-Ne 气体激光器；2—遮光开关；3—反射棱镜；4—聚光镜组；5—针孔光阑；6—分光棱镜组；7—望远镜调焦镜组；8—望远镜物镜组；9—波带片；10—望远镜分划板；11—望远镜目镜组。

图 4-24 光束射程

（a）

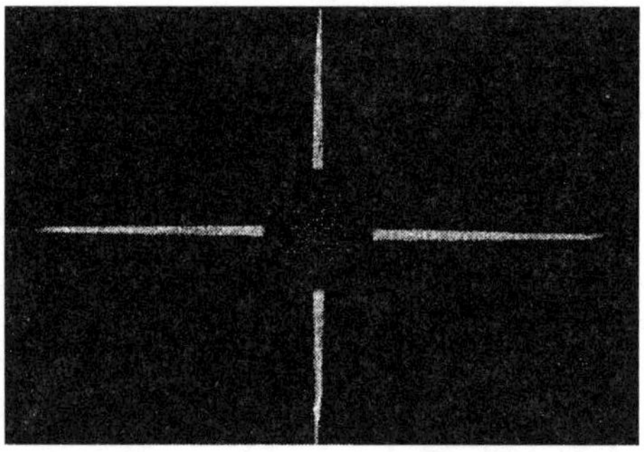

（b）

图 4-25　激光目标光斑

三、实验与经纬仪检验

1. 一般性检验

检查度盘和照准部旋转是否平滑自如；各种螺旋和望远镜运转是否灵活有效；望远镜视场中有无灰尘或点；度盘和测微尺的分划线是否清晰；仪器附件是否齐全。

2. 照准部水准管轴的检验与校正

1）检验

安置好仪器，调节两个脚螺旋，使水准管气泡严格居中，旋转照准部 180°，若气泡偏离中心大于 1 格，则需校正。

2）校正

拨动水准管的校正螺钉，使气泡返回偏离格值的一半，另一半用脚螺旋调节，使气泡居中。若气泡偏离值小于 1 格，一般可不校正。

3. 十字丝竖丝垂直于横轴的检验与校正

1）检验

用十字丝交点照准一个明显的点目标，转动望远镜微动螺旋，若该目标离开竖丝，则需要校正。

2）校正

旋下望远镜前护罩，旋松十字丝分划板座的四个固定螺旋，微微转动十字丝环，使竖丝末端与该目标重合。重复上述检验，满足要求后，再旋紧四个固定螺旋并装上护罩即可。

4. 视准轴垂直于横轴的检验与校正

1）检验

在仪器到墙的相反方向上，相等距离处立花杆，视线水平时在花杆上做一标志 A。用盘左精确瞄准 A，纵转望远镜仍使视线水平（在水平视线的墙面上固定一毫米分划的横尺），在墙上标出 B_1；再用盘右瞄准 A，纵转望远镜，在墙上标出 B_2；若两点不重合且间距大于 2 cm，则需校正（仪器距墙距离为 30 cm 左右）。

2）校正

在 B_1、B_2 两点之间的 1/4 处定出一点 B_3，即为十字丝中心应照准的正确位置。取下十字丝分划板护罩，拨动十字丝分划板左、右校正螺钉，使十字丝交点对准 B_3 点。

5. 横轴垂直于竖轴的检验与校正

1）检验

盘左瞄准楼房处一目标 P，松开望远镜制动螺旋，慢慢将望远镜放到水平位置，在墙上标出一点 a；盘右再瞄准 P 点，将望远镜放到水平位置后标出一点 b；若 a、b 两点不重合，相距超过规定限差，应进行校正。

2）校正

用十字丝交点照准 a、b 的中点，然后将望远镜上翘到和 P 点同高的位置；取下左边支架盖板（盘右时），松开偏心环（轴瓦）的固定螺旋，转动偏心环，使十字丝交点对准 P 点，最后拧紧偏心环固定螺钉，盖上护盖。

6. 竖盘指标差的检验与校正

1）检验

瞄准一个明显的小目标，读取盘左、盘右的竖盘读数 L 和 R，按公式 $X=(L+R-360°)\div 2$ 计算出指标差。若指标差大于 60″，则应校正。

2）校正

先算出盘右的竖盘正确读数 $R'=R-X$，以盘右照准原目标，用指标水准管微倾螺旋使竖盘读数变为正确读数，此时指标水准管气泡偏离中心；旋下指标水准管校正螺钉的护盖，再用校正针将指标水准管气泡调至居中，然后重复检验一次。

【任务实施】

（一）工具仪器

DJ_6 型经纬仪、小花杆（或测钎）、小标尺、三脚架、校正工具、记录板。

（二）操作步骤

1. 照准部水准管的检校

1）检验方法

将经纬仪大致整平后，转动照准部，使水准管平行于任意两个基座螺旋 A、B 的连线，调节这两个基座螺旋 A、B，严格使水准管气泡居中。将照准部旋转 180°，若气泡仍然居中，则说明水准管轴与竖轴相垂直，满足条件，若气泡偏离则需要校正。

2）校正方法

调节水准管上下两个校正螺旋，一松一紧，先松后紧，使气泡退回偏离量的一半。

仍然调节这两个基座螺旋 A、B，使气泡居中。

反复进行上述两步工作，直到水准管气泡在各方向的偏离量均不超过半格为止。

2. 十字丝竖丝的检校

1）检验方法

安置仪器后，在距离仪器 10 m 左右寻找一明显、固定的目标点，转动照准部与望远镜，使十字丝中心的交点与目标点相切后，制动照准部与望远镜，旋转竖直微动螺旋，使目标点运动到纵丝一端，若该点偏离纵丝则需要校正。

2）校正方法

旋开十字丝环外护盖，松开四个十字丝固定螺丝，转动十字丝分划板，使纵丝和目标点相切，拧紧十字丝固定螺丝即可。

3. 视准轴的检验与校正

1）检验方法

选一约 100 m 长的平坦场地，中间安置经纬仪，场地一端插测钎，一端横放一尺。两处应与仪器同高。

盘左瞄准测钎，将照准部制动。倒转望远镜瞄准尺子，并读取纵丝在尺上切取的读数 B_1。

盘右瞄准测钎，将照准部制动。倒转望远镜瞄准尺子，并读取纵丝在尺上切取的读数 B_2。

若 B_1 与 B_2 读数相同，则说明视准轴与横轴垂直，否则需要校正。

2）校正方法

计算出正确的 B 值，即 $B=\frac{1}{2}[B_1-(B_2\pm180°)]$。

旋开十字丝环外盖。

稍许松开十字丝上下校正螺丝，将左右校正螺丝一松一紧，先松后紧，使望远镜十字丝竖丝对准正确的 B 值。

旋紧十字丝上下校正螺丝，盖上十字丝环外盖。

4. 横轴的检验与校正

1）检验方法

在一距高墙 30 m 远处安置经纬仪，在墙上与经纬仪同高的位置上，水平安置一根尺子。

盘左，转动望远镜，保持仰角大于 30°后，在墙上选一点 P，瞄准后制动照准部。

将望远镜放平，读取水平尺上读数 M_1。

盘右仍然瞄准 P 点，制动照准部。

将望远镜放平，读取水平尺上读数 M_2。

若 M_1 与 M_2 相同，则说明横轴与竖轴垂直；否则需要校正。

2）校正方法

计算 M_1 与 M_2 的平均值 M。

旋转水平微动螺旋，使十字丝竖丝对准尺上的 M 读数。

转动望远镜至 P 点附近，此时十字丝纵丝与 P 点之间有横向位移。

松开支架的护盖，转动横轴偏心环，使十字丝竖丝与 P 点重合。

合上支架护盖，紧固螺旋。

5. 竖盘指标差的检验与校正

1）检验方法

经纬仪安置好后选一远处并有高差的目标作为 N 点。

盘左用十字丝中丝切准目标点 N，调节竖盘指标水准管微动螺旋，使气泡居中，读取竖盘读数为 L。

倒转望远镜，盘右用十字丝中丝切准目标点 N，同法读取竖盘读数为 R。

计算指标差：$X=(L+R-360°)$，对于 DJ_6 型经纬仪，当 $X\leqslant 30''$ 时可以不校正，否则需要校正。

2）校正方法

计算盘右正确的竖盘读数：$R_0=R-X$（盘左则为 $L_0=L-X$）。

保持照准部与望远镜位置不变，调节竖盘指标水准管微动螺旋，使竖盘读数为 R_0。

旋下指标水准管护盖，用改正针转动指标水准管上下校正螺旋，一松一紧，先松后紧，使气泡居中，旋上护盖。

此项检验与校正需反复进行，直到指标差 $X\leqslant 30''$ 时为止。

6. 光学对点器的检验与校正

1）检验方法

严格整平经纬仪，在三脚架正下方的地上铺放一张白纸，调节光学对点器，使对点器的分划板圆圈及白纸同时变清晰。在白纸上标出分划板圆圈位置为 A_1。

转动照准部到 180°方向，用相同方法在白纸上标出分划板圆圈位置为 A_2。

若 A_1 与 A_2 重合，则说明光学对点器的光轴与仪器竖轴重合，不重合则需要校正。

2）校正方法

先在纸上连接 A_1、A_2 点，标出 A_1、A_2 的中点 A。打开光学对点器棱镜的护盖，调节光学对点器的校正螺旋，改变转向棱镜位置，使分划板圆圈对准中点 A 即可，旋紧护盖。

此项检验与校正需反复进行，直到满足条件为止。

以上检校项目可根据具体情况及条件选择完成。

（三）注意事项

（1）被松开的螺丝和护盖必须重新拧紧；各种螺丝都不能拧得过紧。

（2）每项检校都需反复进行。

（3）检校的顺序不能颠倒。

● 知识闯关与能力训练

一、填空题

1. 竖直角观测时，无自动归零装置的经纬仪，竖盘读数之前应旋转竖盘指标水准管的微动螺旋使其水准管气泡居中，此项操作的目的是________________。有自动归零装置的经纬仪，测竖角前，应将________________打开。

2. 水平角观测时，采用正倒镜观测主要是为了消除________________误差和________________误差对观测角度的影响。

3. 微动螺旋必须使用________部分，其理由是________________________________。

4. 经纬仪主要轴线之间关系应满足的条件是：________________、________________、________________。

5. 水平角观测时，不同测回之间起始方向变动度盘位置，其目的是________________________。

二、判断题

1. 经纬仪对中误差对水平角的影响与测站至目标的距离有关，距离越大，影响越大，但与水平角的大小无关。 (　　)

2. 目标偏心误差对水平角的影响与测站至目标距离有关，距离越短，影响越大，且与观测的水平角度大小有关。 (　　)

3. 用经纬仪瞄准同一竖面内不同高度的两个点，在竖盘上的读数差就是竖直角。 (　　)

4. 竖直角观测中，竖盘指标差对同一目标盘左、盘右两半测回竖直角影响的绝对值相等而符号相反。 (　　)

5. 地面上一点到两目标的方向线间所夹的水平角，就是过该两方向线所作两竖直面间的两面角。 (　　)

三、简答题

1. 简述经纬仪照准部水准管检校的目的和步骤。如果水准管位置不正确，此时又无工具，用该仪器观测，怎样将仪器整平?

2. 什么叫竖盘指标差？如何进行检验与校正？怎样用竖盘指标差来衡量竖角观测成果是否合格？

项目五

认识全站仪并初步掌握其基本测量功能

学习目标

1. 专业技能目标

能描述全站仪的组成和主要功能；会安置全站仪和棱镜，能进行角度、距离、高程测量和坐标测量。

2. 知识能力目标

了解全站仪各部件的名称和各键基本功能；了解全站仪的主要技术指标；懂得键盘显示符号的含义。

3. 素质能力目标

（1）提升自主学习新技能，具有责任心，能自主完成工作岗位任务。

（2）具有分析能力，善于创新和总结经验。

（3）具有合作精神和管理协调能力，善于沟通，豁达、诚信、团结、乐于助人；具有良好的心理素质。

（4）具备优良的职业道德修养，能遵守职业道德规范。

教学重点

（1）全站仪的构造、主要特点及主要技术指标。

（2）全站仪的正确使用。

教学难点

使用全站仪进行角度、距离、高程和坐标测量。

知识链接

全站型电子速测仪，简称全站仪，它是一种可以同时进行角度（水平角、竖直角）测量、距离（斜距、平距、高差）测量和数据处理，由机械、光学、电子元件组合而成的测量仪器。由于只需一次安置，仪器便可以完成测站上所有的测量工作，故被称为“全站仪”。

（一）全站仪按测量功能分类

1. 经典型全站仪（Classical total station）

经典型全站仪也称为常规全站仪，它具备全站仪电子测角、电子测距和数据自动记录等基本功能，有的还可以运行厂家或用户自主开发的机载测量程序。其经典代表为徕卡公司的 TC 系列全站仪。

2. 机动型全站仪（Motorized total station）

免棱镜全站仪在经典全站仪的基础上安装轴系步进电机，可自动驱动全站仪照准部和望远镜的旋转。在计算机的在线控制下，机动型系列全站仪可按计算机给定的方向值自动照准目标，并可实现自动正、倒镜测量。徕卡 TCM 系列全站仪就是典型的机动型全站仪。

3. 无合作目标型全站仪（Reflectorless total station）

无合作目标型全站仪是指在无反射棱镜的条件下，可对一般的目标直接测距的全站仪。因此，对不便安置反射棱镜的目标进行测量，无合作目标型全站仪具有明显优势。如徕卡 TCR 系列全站仪，无合作目标距离测程可达 1 000 m，可广泛用于地籍测量，房产测量和施工测量等。

4. 智能型全站仪（Robotic total station）

在自动化全站仪的基础上，仪器安装自动目标识别与照准的新功能，因此在自动化的进程中，全站仪进一步克服了需要人工照准目标的重大缺陷，实现了全站仪的智能化。在相关软件的控制下，智能型全站仪在无人干预的条件下可自动完成多个目标的识别、照准与测量。因此，智能型全站仪又称为“测量机器人”，典型的代表有徕卡的 TCA 型全站仪等。

（二）按测距仪测距分类

全世界精度最高的全站仪是 TCA2003 全站仪，按测距仪测距分类，还可以分为三类：

1. 短距离测距全站仪

测程小于 3 km，一般精度为 ±（5 mm + 5 ppm · D），主要用于普通测量和城市测量。

2. 中测程全站仪

测程为 3 ~ 15 km，一般精度为 ±（5 mm + 2 ppm · D）和 ±（2 mm + 2 ppm · D），通常用于一般等级的控制测量。

3. 自动陀螺全站仪

自动陀螺全站仪测程大于 15 km，一般精度为 ±（5 mm + 1 ppm · D），通常用于国家三角网及特级导线的测量，自动陀螺全站仪如图 5-1 所示。

图 5-1　自动陀螺全站仪

（摘自百度百科）

任务驱动

任务一　知道全站仪的构造、了解其主要特点及主要技术指标

【能力目标】

知道全站仪各部件的名称和各键基本功能；了解全站仪的主要技术指标；懂得键盘显示符号的含义。

【任务描述】

每小组人员通过观摩学习，能按要求正确安置和使用全站仪和棱镜。

【任务导航】

完成学习任务单，并在过程中展开讨论，积极交流。

【任务实施】

（一）工具仪器

多媒体设备、PPT、任务工作单、学生工作页、教材、教案。

（二）操作步骤

（1）课前准备，查找资料，学习全站仪结构的有关内容。
（2）分小组汇总材料、展开讨论。
（3）形成实习报告。

● 知识闯关与能力训练

1. 全站仪的结构包括哪几个部分?

2. 全站仪的主要功能有哪些?

任务二　用全站仪进行基本测量

【能力目标】

了解全站仪各部件的名称和各键基本功能；了解全站仪的主要技术指标；懂得键盘显示符号的含义。

【任务描述】

在实习场地任选不同的两点，使用全站仪在某一测站点测出其距离、角度、高差和坐标。

【任务导航】

完成学习任务单，并在过程中展开讨论，积极交流。

【任务实施】

（一）工具仪器

多媒体设备、PPT、任务工作单、学生工作页、教材、教案。

（二）操作步骤

1. 安置仪器

将三脚架张开，使其高度在胸口附近，架头大致水平，并将脚尖踩入土中，然后用连接螺旋将仪器固定在三脚架上。

2. 对中

同经纬仪。

3. 整平

同经纬仪。

● 知识闯关与能力训练

1. 用全站仪进行基本测量的操作步骤是什么？

2. 用全站仪进行基本测量有哪些注意事项？

项目六

距离测量

学习目标

1. 专业技能目标

会用钢尺进行一般量距和精密量距，对精密量距能进行三项改正的计算；会进行视距测量的观测步骤与计算；能操作全站仪或测距仪进行距离测量。

2. 知识能力目标

知道钢尺量距的一般方法和精密方法，了解距离测量的限差要求，懂得精密量距三项改正的计算方法；理解并掌握视距测量原理、视线水平和倾斜时的视距公式；了解全站仪或测距仪测距的限差要求。

3. 素质能力目标

（1）提升自主学习新技能，具有责任心，能自主完成工作岗位任务。

（2）具有分析能力，善于创新和总结经验。

（3）具有合作精神和管理协调能力，善于沟通，豁达、诚信、团结、乐于助人；具有良好的心理素质。

（4）具备优良的职业道德修养，能遵守职业道德规范。

教学重点

（1）会操作全站仪或测距仪进行距离测量。

（2）熟悉视距测量的观测步骤并会进行计算。

教学难点

会使用钢尺进行一般量距和精密量距，并能对精密量距进行三项改正的计算。

知识链接

距离测量是指测量地面上两点连线长度的工作。通常需要测定的是水平距离，即两点连线投影在某水准面上的长度。它是确定地面点平面位置的要素之一，也是测量工作中最基本的任务之一。通常需要测定的是水平距离，即两点连线投影在某水准面上的长度。

在三角测量、导线测量、地形测量和工程测量等工作中都需要进行距离测量。距离测量的精度用相对误差（相对精度）表示。即距离测量的误差同该距离长度的比值，用分子为 1 的公式 $1/n$ 表示。比值越小，距离测量的精度越高。距离测量常用的方法有量尺量距、视距测量、视差法测距和电磁波测距等。距离测量方式有下面几种：

1. 量尺量距

用量尺直接测定两点间距离，分为钢尺量距和因瓦基线尺量距。钢尺是用薄钢带制成，长 20 m、30 m 或 50 m。所量距离大于尺长时，需先标定直线再分段测量。钢尺量距的精度一般高于 1/1 000。因瓦基线尺是用温度膨胀系数很小的因瓦合金钢制造的线状尺或带状尺。常用的线状尺长 24 m，钢丝直径 1.65 mm，线尺两端各连接一个有毫米刻划的分划尺，分划尺刻度为 80 mm。量距时用 10 kg 重锤通过滑轮引张，使尺子成悬链线形状，线尺两端分划尺上同名刻划线间的直线距离，即悬链线的弦长，就是线尺的工作长度。因瓦基线尺受温度变化影响极小，量距精度高达 1/1 000 000，主要用于丈量三角网的基线和其他高精度的边长。

2. 视距测量

用有视距装置的测量仪器，按光学和三角学原理测定两点间距离的方法。常用经纬仪、平板仪、水准仪和有刻划的标尺施测。通过望远镜的两条视距丝，观测其在垂直竖立的标尺上的位置，视距丝在标尺上的间隔称为尺间隔或视距读数，仪器到标尺间的距离是尺间隔的函数，对于大多数仪器来说，在设计时使距离和尺间隔之比为 100。视距测量的精度可达 1/300~1/400。

3. 用全站仪或测距仪测距

用全站仪或测距仪测距，它的基本原理是利用仪器发出的光波（光速 C 已知），通过测定出光波在测线两端点间往返传播的时间 t 来测量距离 S，S 等于 Ct 除以 2，式中除以 2 是因为光波经历了 2 倍的路程。

任务一　钢尺量距

【能力目标】

会用钢尺进行一般量距和精密量距，对精密量距能进行三项改正的计算。

【任务描述】

通过小组成员之间的配合用钢尺进行一般量距和精密量距，对精密量距能进行三项改正的计算。

【相关知识】

（一）仪器的认识与使用（见图 6-1）

图 6-1 30 m 或 50 m 钢尺

（二）钢尺量距的原理（见图 6-2）

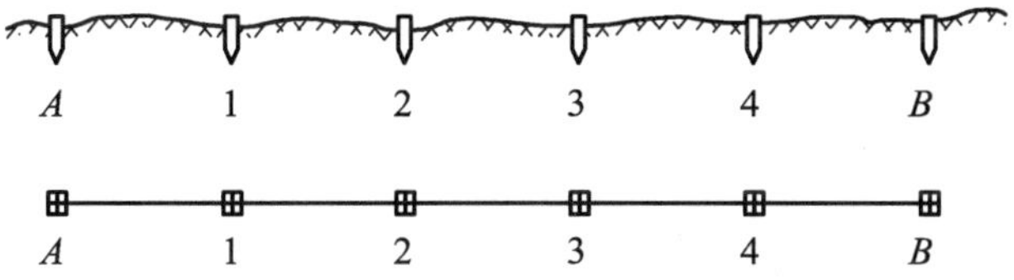

图 6-2 钢尺量距示意图

（三）实训步骤

1. 概量定线

将经纬仪安置在基线的端点 A 上，照准另一端点 B 的测钎，固定照准部不动，转动望远镜沿视线方向每隔一整尺长（缩短 0.1 m）打一木桩，再在桩顶上钉一小木板，在小木板上沿视线方向定出 1、2 两点，并用削尖的 3H 铅笔连接 1、2 两点，再作垂直线。

2. 测定尺段高差

用水准仪测出各相邻桩顶间的高差。

3. 逐段精量

从直线的一端起，逐段丈量长度，丈量时用弹簧秤以 98 N 的拉力拉钢尺的两端，使钢尺读数尺面紧贴直线方向，在钢尺稳定的瞬间，两端读尺员通过口令："预备""好"，同时读出"十字"中心所指钢尺两端的读数。先报厘米以下的读数，后报米、分米。然后移动钢尺 1~2 cm，再进行读数，连续 3 次，并记下当时的地表温度。测得的 3 个长度值，其差值不应超过 3 mm。若超过限差，再进行第 4 次读数。最多只能读 5 次数，若仍不合格，需全部重测，重测后将合格的 3 次结果取平均值作为该尺段的长度。依次逐段丈量至终点为止，称为往测。往测完毕后，调转尺的方向再进行返测。

4. 距离计算

1）尺长改正

$$\Delta L_d=\Delta L/L_0\times L_s$$

2）温度改正

$$\Delta L_t=1.25\times10^{-5}\times(t-20\ ^\circ\mathrm{C})\times L_s$$

3）倾斜（高差）改正

$$\Delta L_h=-h^2/2L_s$$

4）求取尺段平距

$$D=L_s+\Delta L_d+\Delta L_t+\Delta L_h$$

5）距离

$$D=\frac{D_{往}+D_{返}}{2}$$

6）相对精度

$$k=\frac{|\Delta D|}{D}=\frac{1}{\dfrac{D}{|\Delta D|}}$$

【组织与实施】

（一）工具仪器

任务工作单、学生工作页、教材、教案。

（二）实施步骤

（1）课前准备，查找资料，学习钢尺量距的有关内容。
（2）分小组汇总材料、展开讨论。
（3）形成实习报告。

（三）技术要求

满足“直、平、准”。直，就是要测量两点间的直线长度，不是折线或曲线长度，为此定线要直，尺要拉直；平，就是要测量两点间的水平距离，要求尺身水平，如果量取斜距也要改算成水平距离；准，就是对点、投点、计算要准，丈量结果不能有错误，并符合精度要求。

（四）注意事项

当量距精度要求不低于 1/3 000 时，在下列情况下，才需要进行有关项目的改正：

① 尺长改正值大于尺长的 1/10 000 时，应加尺长改正；② 量距时温度与标准温度相差，应加温度改正；③ 沿地面丈量的地面坡度大于 1%时，应加倾斜（高差）改正。

（五）实训报告

【实训问答】

用一检定过的 30 m 钢尺沿倾斜地面丈量 *AB* 距离，数据见表 6-1。该钢尺的尺长方程式如下，请整理量距成果。

$$L=30\ \text{m}-1.8\ \text{mm}+1.25\times10^{-5}\times(t-20\ ^\circ\text{C})\times30\ \text{m}$$

注：钢尺膨胀系数 α=0.0000115 ~ 0.0000125。

表 6-1　距离测量记录及量距成果

量段 *AB*	量距/m	温度/°C	高差/m	尺长改正/m	温度改正/m	高差改正/m	距离/m	平均距离/m	相对精度
A→*B*	234.943	27.4	2.54						
B→*A*	234.932	27.9	2.54						

任务二　用水准仪或者经纬仪进行视距测量

【任务目标】

会使用水准仪或经纬仪进行视距测量的观测步骤并计算。

【任务描述】

通过小组成员之间的配合，用水准仪或者经纬仪进行视距测量。

【相关知识】

一、视距测量原理（见图 6-3）

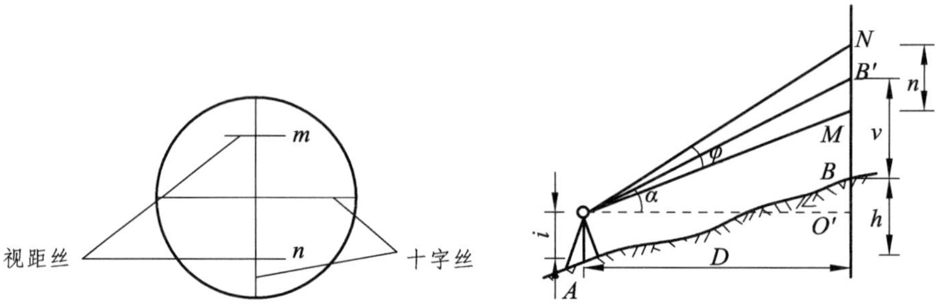

（a）十字丝图　（b）视距测量

图 6-3　视距测量示意图

二、实训步骤

（1）在测站上安置经纬仪，对中、整平后，量取仪器高 i（精确到厘米），设测站点地面高程为 H_0。

（2）选择若干个地形点，在每个点上立水准尺，读取上、下丝读数和中丝读数 v（可取与仪器高相等，即 $v=i$），以及竖盘读数 L，并分别记入视距测量手簿。竖盘读数时，竖盘指标水准管气泡应居中。

（3）用公式计算平距 $D=KL\sin^2 Z$；高差 $h_{AB}=D\div\tan Z+i-v$ 或 $D=KL\cos 2\alpha$，$h_{AB}=(KL\sin 2\alpha)\div 2+i-v$，用公式计算 B 点高程：$H_B=H_A+h_{AB}$。

【组织与实施】

（一）工具仪器

任务工作单、学生工作页、教材、教案。

（二）实施步骤

（1）课前准备，查找资料，学习用水准仪或经纬仪进行视距测量的有关内容。

（2）分小组汇总材料、展开讨论。

（3）形成实习报告。

（三）技术要求

对于较长的工程测量中，保证前后视距相等能够很好地消除因地球曲率以及空气密度不均匀而发生光线折射而产生的误差。

（四）注意事项

（1）为减少垂直折光的影响，观测时应尽可能使视线离地面 1 m 以上。

（2）作业时，要将视距尺竖直，并尽量采用带有水准器的视距尺。

（五）实训报告

用经纬仪在选定的实训场地内进行数据观测，将观测数据记录在成果记录表中，利用公式计算出视距测量成果。

（六）实训问答

1. 计算题

经纬仪视距测量时，观测数据如下：上丝读数为 2.074 m，下丝读数为 2.926 m，中丝读数为 2.500 m，竖直角 $\alpha = -30°20'30''$，仪器高为 1.450 m。求两点间的水平距离和高差（已知：K=100，$\cos 30°20'30'' = 0.86$，$\sin 30°20'30'' = 0.59$）。

2. 实际操作题

（1）在实训场地选择一测站点 O'，在测站点上安置好经纬仪（经纬仪器的对中和整平），调节仪器处于盘左位置。量取仪器高至厘米。

（2）扶尺员在 A' 点立水准尺（或标尺），竖直。

（3）将经纬仪对着水准尺瞄准，固定望远镜，调节竖盘符合管水准器，读取上丝、中丝和下丝在水准尺上的读数，同时读取竖盘读数 α。

（4）计算测站点与水准尺（标尺）之间的距离：$D = K \cdot L\cos\alpha$，其中，竖直角 $\alpha = 90° - \alpha L$。

（5）计算高差：$h = K \cdot L\sin 2\alpha + i - v$，其中，$K$=100，$L$ 为上下丝读数差，α 为竖直角，i 为仪器高，v 为中丝读数。

（6）成果记录（见表 6-2 和表 6-3）。

表 6-2　视线水平时视距测量成果记录

测站	目标	上丝读数	下丝读数	中丝读数	读数差 L	水平距离/m	高差/m	高程/m
								O 点 63 m
O	A							
	B							
	C							

表 6-3　视线倾斜时视距测量成果记录

测站	目标	上丝读数 下丝读数	中丝读数	读数差 L	竖盘读数	竖直角度	水平距离/m	高差/m	高程/m O'点 52 m
O'	A'								
	B'								
	C'								

任务三　用全站仪或测距仪测距

【能力目标】

能操作全站仪或测距仪进行距离测量。

【任务描述】

通过小组成员之间的配合用全站仪或测距仪测距。

【相关知识】

一、仪器的认识

测距仪实物如图 6-4 所示。

（a）　　　　（b）

图 6-4　测距仪

二、测距仪测距的原理

测距仪测距的原理如图 6-5 所示。

计算公式：

$$D=\frac{1}{2}C\cdot t_{2D}$$

式中：$C=C_0/n$，为光在大气中的传播速度；C_0 为光在真空中的传播速度，C_0=299 792 458 m/s；n 为大气折射率（$n\geqslant 1$）。

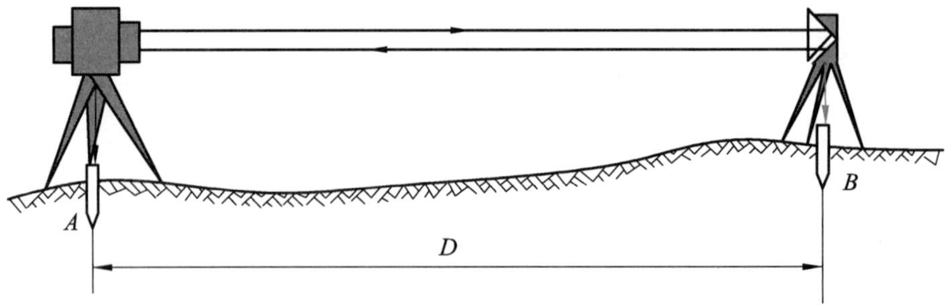

图 6-5　测距仪测距的原理

三、实训步骤

全站仪测距的步骤略，下面以红外测距仪的使用为例。

1. 测距前的准备

装全站仪或测距仪，然后对中、整平等。

2. 距离测量

（1）打开电源。

（2）瞄准目标。

（3）测距。

【组织与实施】

（一）工具仪器

任务工作单、学生工作页、教材、教案。

（二）实施步骤

（1）课前准备，查找资料，学习用全站仪或测距仪测距的有关内容。

（2）分小组汇总材料、展开讨论。

（3）形成实习报告。

（三）技术要求

（1）应检校三轴的平行性与圆水准器及光学对中器。

（2）视线宜高出地面和离开障碍物 1.2 m 以上。

（3）视线应避免通过受电、磁场干扰的地方，一般要求离开高压线 2 ~ 5 m。

（4）视线宜避免通过发热体（如散热塔、烟囱等）。

（5）视线背景应避免反光体，在反射光束范围内，不得同时出现两个反射器，测距时步话机应避免距离仪器太近。

（6）在低气温下作业时，应有一定的预热时间，使仪器各电子部件达到正常稳定的工作状态，方可测距。

（四）注意事项

（1）全站仪尽量安置在振动影响较小的地方，安置高度要适宜。

（2）全站仪的三脚架腿不要触碰到墙体、钢架、钢筋等能传递振动的物体。

（3）在测量过程中要注意查看气泡的偏移情况，如果偏移量过大则测量成果作废，应重新精确整平后重新测量数据；如果偏移量较小则不进行调整，但要将偏移情况记录下来作为数据分析的一项影响因素。

（4）建议在测量前进行气泡检校，并检查仪器的设置情况，检查内容包括棱镜常数、温度改正数的设置。

（五）实训报告

【实训问答】

分组练习并掌握全站仪的安置与观测方法。在实训场地的一个测站点 *A* 上安置全站仪，选择两个目标点 *B* 点和 *C* 点各安置反光镜，练习距离的测量。

步骤如下：

（1）在 *A* 点架设仪器，再对仪器整平。

（2）开机。

（3）进入设站界面，按照仪器的界面提示输入仪器高，瞄准站点 *A*，进入测量界面进行距离测量，分别用盘左、盘右照准目标 *B*，测量测站至两镜站的斜距、平距并填入记录表 6-4 中；再分别用盘左、盘右照准目标 *C*，测量测站至两镜站的平距并填入记录表 6-4 中。

表 6-4　观测数据记录

测站	目标	盘左平距	盘右平距	平均平距
A	*B*			
	C			

项目七

直线定向

学习目标

1. 专业技能目标

能描述直线方向的表示方法；会进行平面直角坐标正反算。

2. 知识能力目标

会确定直线与标准方向之间的角度关系；能明确距离、方位角与坐标之间的关系。

3. 素质能力目标

（1）提升自主学习新技能，具有责任心，能自主完成工作岗位任务。

（2）具有分析能力，善于创新和总结经验。

（3）具有合作精神和管理协调能力，善于沟通，豁达、诚信、团结、乐于助人；具有良好的心理素质。

（4）具备优良的职业道德修养，能遵守职业道德规范。

（5）具有缜密的逻辑思维和计算能力。

教学重点

（1）直线定向的定义。

（2）正、反坐标方位角的关系。

（3）坐标方位角与象限角的换算关系。

（4）方位角的概念。

（5）坐标方位角的概念及其推算。

（6）象限角的概念。

教学难点

（1）坐标方位角的推算。

（2）坐标方位角与象限角的换算关系。

知识链接

地面两点之间的方向一般用方位角表示。知道两点之间的边长和方位角，即可根据一个点的坐标推算另一个点的坐标。边长用距离测量测定，方位角则可通过直线定向来获取。由于标准方向的不同，方位角可分为真方位角、磁方位角和坐标方位角，一般可用罗盘仪测定直线的磁方位角。

任务驱动

任务一　标准方向

【能力目标】

（1）能说出三种标准方向。

（2）能表达出三种标准方向之间的关系。

【任务描述】

利用真方位角 A，列举出磁方位角和坐标方位角之间的关系。

【任务导航】

通过真方位角，列举出真方位角与磁方位角、坐标方位角之间的关系。

【任务实施】

直线定向就是确定一条直线的方向，直线方向一般用方位角表示。所谓方位角，就是自某标准方向起始，顺时针至一条直线的水平角，取值范围为 0°～360°（见图 7-1）。由于标准方向的不同，方位角可分为：

真方位角——以过直线起点和地球南、北极的真子午线指北端为标准方向的方位角，以 A 表示。

磁方位角——以过直线起点和地球磁场南、北极的磁子午线指北端为标准方向的方位角，以 A_m 表示。

坐标方位角——以过直线起点的平面坐标纵轴平行线指北端为标准方向的方位角，以 α 表示。测量中坐标方位角简称为方位角。

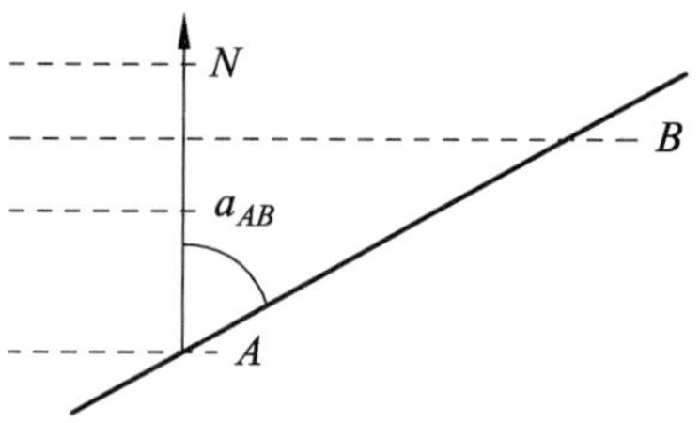

图 7-1　方位角

1. 真方位角与磁方位角之间的关系

地球的南、北极和地球磁场的磁南、磁北极是不重合的，因此过地面某点的真子午线与磁子午线不重合，二者之间的夹角为磁偏角，用 δ 表示。磁子午线北端偏于真子午线以东为东偏，δ 为“+”；偏于真子午线以西为西偏，δ 为“−”（见图 7-2）。不同地方的磁偏角不同，例如北京地区 δ 约为 −5%，而南京地区 δ 约为 − 3.5%。

同一直线的真方位角 A 和磁方位角 A_m 可用式（7-1）换算：

$$A = A_m + \delta \tag{7-1}$$

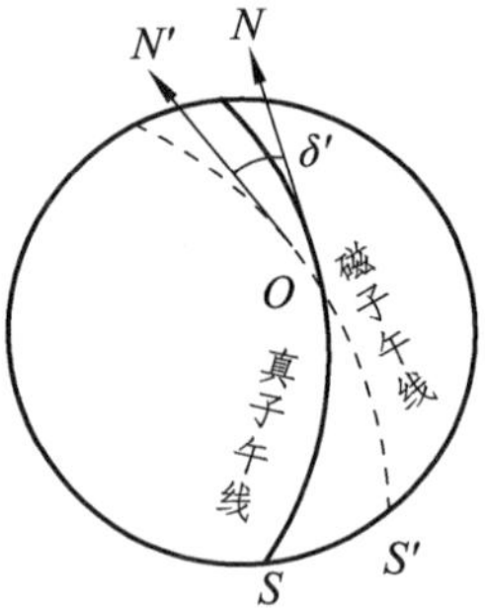

图 7-2　磁偏角

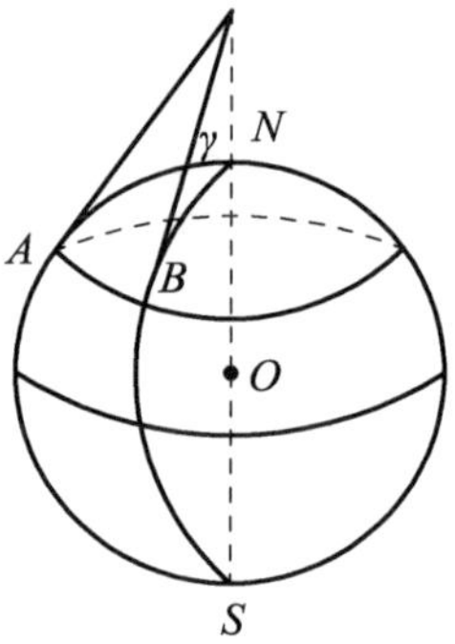

图 7-3　子午线收敛角

2. 真方位角与坐标方位角之间的关系

过平面某点的坐标纵轴平行线与过该点的真子午线也是不平行的，二者之间的夹角为子午线收敛角，用 γ 表示（见图 7-3）。坐标纵轴位于真子午线以东，γ 为“+”；位于真子午线以西，γ 为“−”。同一直线的真方位角 A 和坐标方位角 α 可用式（7-2）换算：

$$A = \alpha + \gamma \tag{7-2}$$

● 知识闯关与能力训练

一、选择题

1. 子午线收敛角的定义为（　　）。

　A. 过地面点真子午线方向与磁子午线方向之间的夹角

　B. 过地面点磁子午线方向与坐标纵轴方向之间的夹角

　C. 过地面点真子午线方向与坐标纵轴方向之间的夹角

2. 确定直线的方向，一般有磁方位角、坐标方位角和（　　）。

A. 水平角　　B. 竖直角　　C. 真方位角　　D. 象限角

3. 罗盘仪用于测定直线的（　　）。

A. 真方位角　　B. 磁方位角　　C. 坐标方位角　　D. 象限角

二、问答题

什么叫方位角？方位角有哪几种？它们之间的关系是什么？

任务二　坐标方位角和象限角

【能力目标】

（1）能说出正反方位角的关系。

（2）能表达出坐标方位角和象限角的关系。

【任务描述】

如何根据坐标系，来表达出象限角和坐标方位角的关系？如图 7-4 所示为象限角。

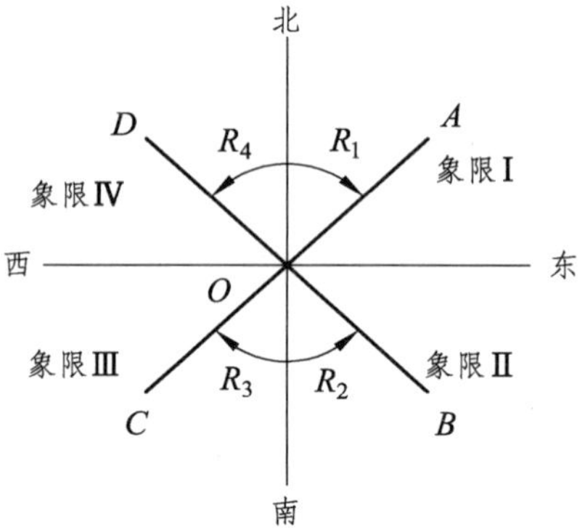

图 7-4　象限角

【任务导航】

已知某一直线的象限角，如何推断出与该直线坐标方位角之间的转换关系。

【任务实施】

1. 正、反方位角

对直线 AB 而言，过始点 A 的坐标纵轴平行线指北端顺时针至直线的夹角 α_{AB} 是 AB 的正方位角，而过端点 B 的坐标纵轴平行线指北端顺时针至直线的夹角 α_{BA} 是 AB 的反方位角，同一条直线的正、反方位角相差 180°（见图 7-5），即

$$\alpha_{AB} = \alpha_{BA} \pm 180^\circ \quad (7\text{-}3)$$

式（7-3）右端，若 $\alpha_{BA} < 180^\circ$，用“+”号；若 $\alpha_{BA} \geqslant 180^\circ$，用“-”号。

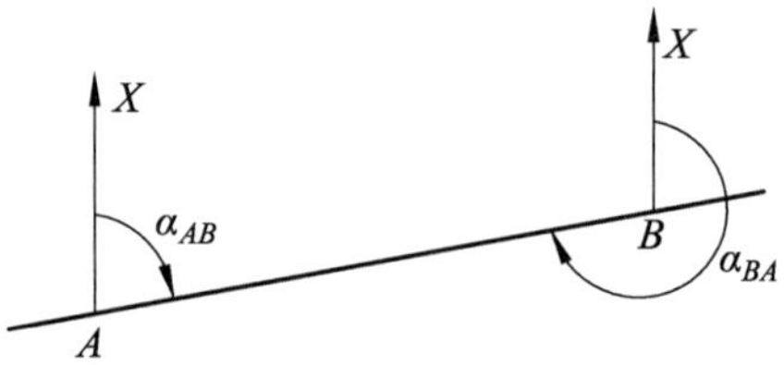

图 7-5　同一直线的正反方位角

2. 象限角和坐标方位角的关系

一条直线的方向有时也可用象限角表示。所谓象限角，是指从坐标纵轴的指北端或指南端起始至直线的锐角，用 R 表示，R 取值范围为 0~90°。为了说明直线所在的象限，用 R 时应加注直线所在象限的名称。四个象限的名称分别为北东（NE）、南东（SE）、南西（SW）、北西（NW）（见图 7-6）。

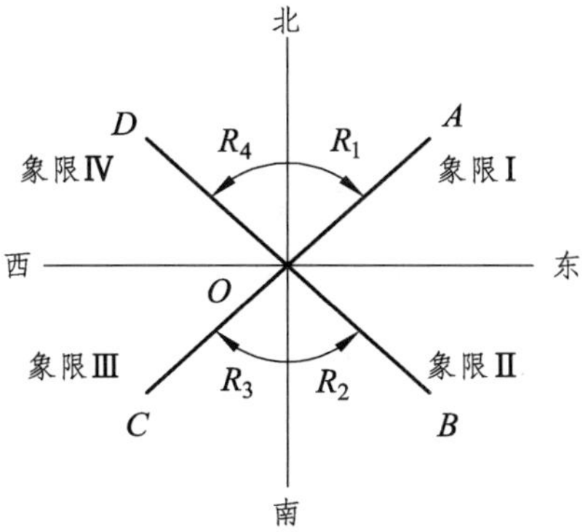

图 7-6　象限角和方位角转化关系

象限角和坐标方位角之间的换算公式列于表 7-1 中。

表 7-1　象限角与方位角的关系

象限	象限角 R 与方位角 α 之间的转换公式
第一象限	$\alpha = R$
第二象限	$\alpha = 180° - R$
第三象限	$\alpha = 180° + R$
第四象限	$\alpha = 360° - R$

知识闯关与能力训练

选择题

1. 已知某直线的象限角为 SW75°，则其坐标方位角为（　　）。

   A. 75°　　B. 105°　　C. 255°　　D. 285°

2. 坐标方位角为 220°的直线，其象限角应为（　　）。

   A. 南西 40°　　B. 西南 50°　　C. 北东 40°　　D. 东北 50°

3. 第二象限直线，象限角 R 与方位角 α 的关系为（　　）。

   A. $R = 180° - \alpha$　　B. $R = \alpha$　　C. $R = \alpha - 180°$　　D. $R = 360° - \alpha$

4. 已知第四象限某直线象限角为 35°，则其坐标方位角为（　　）。

   A. 35°　　B. 145°　　C. 215°　　D. 325°

任务三　坐标方位角的推算

【能力目标】

能利用坐标方位角推算公式，计算出相邻直线的坐标方位角。

【任务描述】

如图 7-7 所示，如何根据已知直线 AB 的坐标方位角 $\alpha_{AB}=135°26'46''$、$\beta_B=134°56'28''$、$\beta_C=138°12'16''$，计算出直线 CD 的坐标方位角为多少？

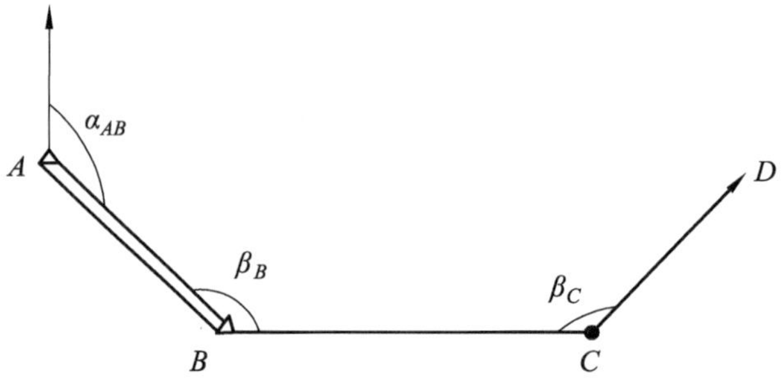

图 7-7　坐标方位角的推算

【任务导航】

在实际工作中，常常根据已知边的方位角和观测的水平角来推算未知边的方位角。如图 7-7 所示，从 A 到 D 是一条折线，假定 α_{AB} 已知，在转折点 B、C 上分别设站观测了水平角 β_B、β_C，由于观测了推算路线左侧的角度，故称为左角。现在来推算 BC、CD 边的方位角。由图中可以看出:

$$\alpha_{BC}=\alpha_{AB}+180°+\beta_B \tag{7-4}$$

$$\alpha_{CD}=\alpha_{BC}+180°+\beta_C \tag{7-5}$$

一般公式（即左角公式）为

$$\alpha_{前}=\alpha_{后}+180°+\beta_{左} \tag{7-6}$$

即前一边的方位角等于后一边的方位角加上 180° 再加上观测的左角。如果观测了推算路线右侧的角度，称为右角。不难得到用右角推算未知边方位角的公式为

$$\alpha_{前}=\alpha_{后}+180°-\beta_{右} \tag{7-7}$$

即前一边的方位角等于后一边的方位角加上 180° 再减去观测的右角。

在式（7-6）和式（7-7）中，若算得的方位角超过 360°，则应减去 360°。

【任务实施】

已知直线 AB 的坐标方位角为 $135°26'46''$ 、$\beta_B=134°56'28''$ 、$\beta_C=138°12'16''$，计算直线 CD 的坐标方位角。

根据图 7-8 观察可知，此路线转折角为左角，因此带入左角公式，计算得

$$\alpha_{BC}=\alpha_{AB}+180°+\beta_B=135°26'46''+180°+134°56'28''=90°23'14''$$
$$\alpha_{CD}=\alpha_{BC}+180°+\beta_C=90°23'14''+180°+138°12'16''=48°35'30''$$

此时直线 CD 的坐标方位角为 $48°35'30''$。

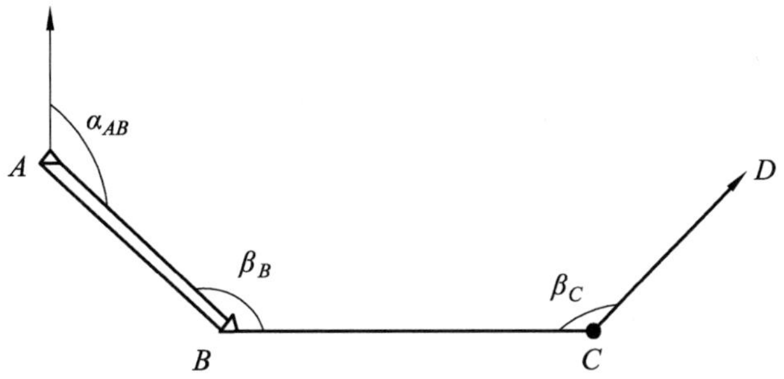

图 7-8　坐标方位角推算示意图

知识闯关与能力训练

计算题

1. 如图 7-9 所示，确定直线的方向，BC 边的坐标方位角应为多少?

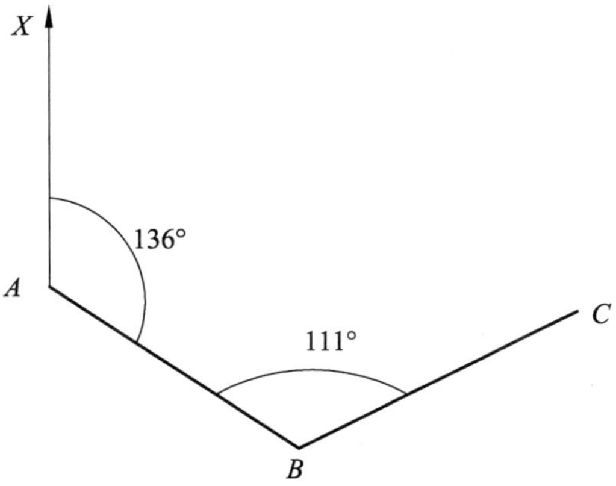

图 7-9　BC 边坐标方位角计算示意图

2. 如图 7-10 所示，确定直线的方向。已知 AB 直线的方向角为 SE 55°30′，$\beta_1 = 245°15'$，$\beta_2 = 215°45'$，则 CD 边的坐标方位角应为多少？

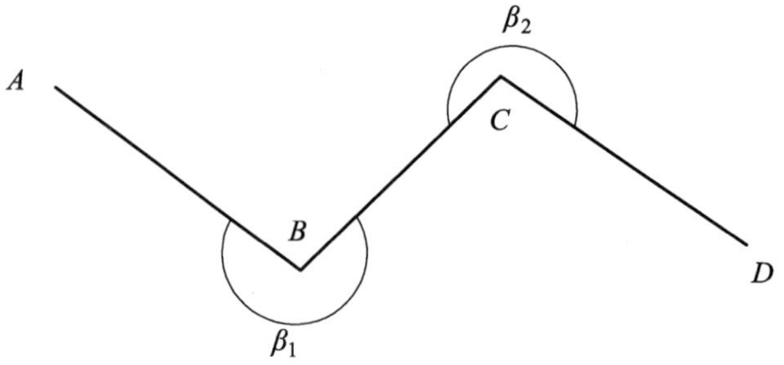

图 7-10　CD 边坐标方位角示意图

任务四　坐标正反算

【能力目标】

（1）能说出坐标正反算的计算公式。

（2）能根据已知数据，进行坐标正反算。

【任务描述】

如图 7-11 所示，根据已知 x_A=323.646 m，y_A=369.361 m，直线 AB 的坐标方位角为 320°25′15″，直线 AB 边长为 233.276 m，求 B 点的坐标。

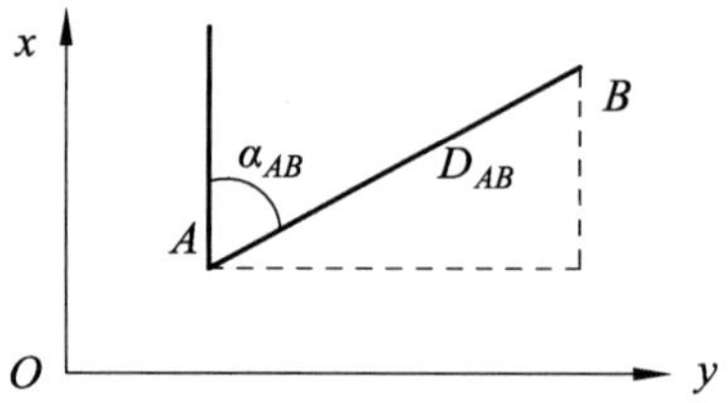

图 7-11　坐标正算示意图

【任务导航】

1. 坐标正算

如图 7-12 所示，A 为已知点，B 为未知点，假设已知水平距离 D_{AB} 和 AB 边的方向角 α_{AB}，则可以计算出 B 点的坐标。

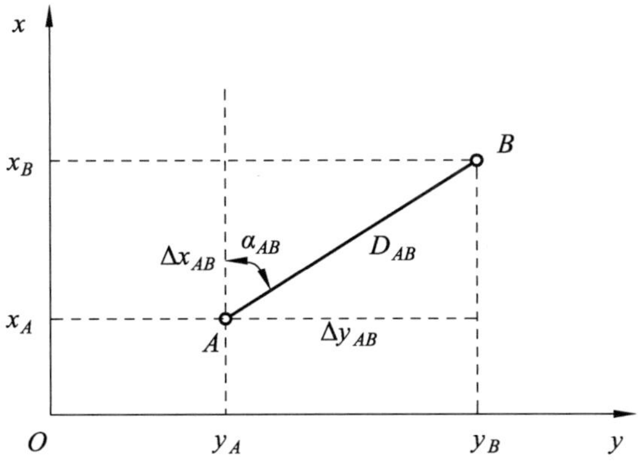

图 7-12　坐标正反算示意图

由图 7-12 可知：

$$x_B = x_A + \Delta x_{AB} = x_A + D_{AB} \times \cos\alpha_{AB} \tag{7-8}$$

$$y_B = y_A + \Delta y_{AB} = y_A + D_{AB} \times \sin\alpha_{AB} \tag{7-9}$$

2. 坐标反算

如图 7-12 所示，假设已知 A、B 两点的平面坐标值，则可以由此计算 A、B 两点间的水平距离 D_{AB} 和方位角 α_{AB}：

$$D_{AB} = \sqrt{\Delta x_{AB}^2 + \Delta y_{AB}^2} \tag{7-10}$$

$$\alpha_{AB} = \arctan\left(\frac{\Delta y_{AB}}{\Delta x_{AB}}\right) \tag{7-11}$$

式中：$\Delta y_{AB} = y_B - y_A$，$\Delta x_{AB} = x_B - x_A$。

需要特别说明的是：（7-11）式中的方位角 α_{AB}，其值域为 0 ~ 360°，而等式右侧的反正切函数，其值域为 −90° ~ 90°，两者是不一致的。故当按式（7-11）的反正切函数计算坐标方位角时，计算器上得到的是象限值，因此应根据坐标增量 Δx、Δy 的符号按表 7-2 决定其所在象限，再把象限角转换成相应的坐标方位角。

表 7-2　象限角与方位角的换算

象限	方位角	Δx	Δy	换算公式
Ⅰ	0° ~ 90°	+	+	$\alpha_{AB} = \arctan\frac{\Delta y}{\Delta x}$
Ⅱ	90° ~ 180°	−	+	$\alpha_{AB} = \arctan\frac{\Delta y}{\Delta x} + 180°$

续表

象限	方位角	Δx	Δy	换算公式
Ⅲ	180°～270°	−	−	$\alpha_{AB}=\arctan\dfrac{\Delta y}{\Delta x}+180°$
Ⅳ	270°～360°	+	−	$\alpha_{AB}=\arctan\dfrac{\Delta y}{\Delta x}+360°$

【任务实施】

如图 7-11 所示，已知 x_A=323.646 m，y_A=369.361 m，直线 AB 的坐标方位角为 320°25′15″，直线 AB 边长为 233.276 m。试求 B 点的坐标。

解：

$$x_B=x_A+\Delta x_{AB}=x_A+D_{AB}\times\cos\alpha_{AB}$$
$$=323.646+233.276\times\cos 320°25'15''=503.442\text{ m}$$
$$y_B=y_A+\Delta y_{AB}=y_A+D_{AB}\times\sin\alpha_{AB}$$
$$=369.361+233.276\times\sin 320°25'15''=220.731\text{ m}$$

即 B 点的坐标为（503.442，220.731）。

● 知识闯关与能力训练

一、选择题

1. 已知线段 AB 的水平距离为 200 m，线段 AB 的方位角为 133°10′22″，则线段 AB 的 x 轴方向的坐标增量为（　　）。

A. ＋145.859

B. －145.859

C. ＋136.840

D. －136.840

2. 坐标反算就是（　　）。

A. 根据边长和方位角计算坐标增量，再根据已知点高程计算待定点高程。

B. 根据两点的坐标，计算边长和方位角。

C. 根据水平角计算方位角。

D. 以上都不对。

二、计算题

已知 A 点的坐标为（1 745.20，5 485.37），AB 边的边长为 D_{AB}=194.02 m，AB 边的方位角为 α_{AB}=139°20′。试计算 B 点的坐标。

项目八

测量误差的类型与传播定律

学习目标

1. 专业技能目标

（1）会初步判断系统误差和偶然误差；能描述偶然误差的 4 个特性。

（2）线性函数和非线性函数误差传播定律。

（3）等精度直接观测平差。

2. 知识能力目标

（1）知道测量误差产生的原因、分类以及偶然误差的特性。

（2）了解衡量精度的指标。

3. 素质能力目标

（1）提升自主学习新技能，具有责任心，能自主完成工作岗位任务。

（2）具有分析能力，善于创新和总结经验。

（3）具有合作精神和管理协调能力，善于沟通，豁达、诚信、团结、乐于助人；具有良好的心理素质。

（4）具备优良的职业道德修养，能遵守职业道德规范。

（5）具有缜密的逻辑思维和计算能力。

教学重点

（1）测量误差的来源与误差传播定律的应用。

（2）测量误差的分类。

（3）倍函数、和差函数的中误差的公式。

教学难点

（1）计算中误差及算数平均值中误差。

（2）偶然误差的四个特征。

知识链接

测量误差按其性质可分为系统误差、偶然误差和粗差三类。

（一）系统误差

在相同的观测条件下对某量进行一系列观测，如果观测误差的数值大小和符号呈现出一致性倾向，即按一定规律变化或保持为常数，这种误差称为系统误差。例如用一把名义长度为 30 m 而实际长度为 29.99 m 钢尺量距时，每丈量一尺段就比实际长度大了 0.01 m，其误差数值大小与符号是固定的，所以丈量距离越长，尺段数越多，误差就越大。

（二）偶然误差

在相同的观测条件下对某量进行一系列的观测，如果观测误差的数值大小和符号都不相同，表面上看没有任何规律性，这种误差称为偶然误差。例如读数的估读误差、瞄准目标的照准误差等都属于偶然误差。偶然误差随各种偶然因素综合影响而不断变化，其数值大小和正、负符号呈现出偶然性，找不到消除其影响的方法，因此任何观测结果都不可避免地存在偶然误差。

一般来说，在测量工作中偶然误差和系统误差是同时发生的。由于系统误差对测量结果的危害性很大，所以总是设法消除或减弱其影响，使其处于次要地位，这样在观测成果中可以认为主要是存在偶然误差。研究偶然误差占主导地位的一系列观测值中求未知量的最或然值以及评定观测值的精度等是误差理论要解决的主要问题。

（三）粗差

由于观测者的粗心或受到某种干扰造成的特别大的测量误差称为粗差。如瞄错目标、读错大数等，粗差也称错误。粗差是可以避免的，包含粗差的观测值应该舍弃，并重新进行观测。

任务驱动

任务一　讨论误差来源与分类和特性

【能力目标】

知道测量误差来源、误差分类和特性。

【任务描述】

能初步判断和描述测量的主要误差，知道测量误差产生的原因、分类以及偶然误差的特性。

【任务导航】

本任务主要学习中误差、极限误差和相对误差。

【任务实施】

（一）误差的主要来源

所有的测量结果都有误差，为了减小测量误差，提高测量的准确度，需要明确测量误差的主要来源以便估计测量误差和进行相应的处理来控制测量误差。造成误差的原因是多方面的，如表 8-1 所示。

表 8-1　误差的主要来源

误差名称	来源说明	实例
仪器误差	仪器本身及其附件设计、制造和装配等的不完善以及使用过程中元件的老化、机械磨损等引起的测量误差	零点偏移、刻度不准确、仪器内标准量性能不稳
影响误差	一次测量结果的偶然误差没有规律，但多次测量中的偶然误差是服从统计学规律的。测量次数越多，其测量值就越接近于实际值	温度、湿度、电源电压、电磁干扰等
方法误差	测量方法不完善、理论不严密、用了近似公式或近似值测量结果造成的误差	普通万用表电压挡测高内阻回路的电压，用均值表测非正弦电压
人为误差	测量者的判断能力、固有习惯、视觉疲劳等因素引起的误差	读错刻度、计算错误等
使用误差	在一起使用过程中出现的误差	暗转、调节和使用不当

（二）误差分类

误差可分为三大类：系统误差、偶然误差和粗差。

1. 系统误差

系统误差是指在相同的测试条件下，多次测量同一量时，测量误差的绝对值和符号保持恒定，或在测量条件改变时，测量误差按某种确定规律变化的误差。

产生系统误差的主要原因有：测量设备有缺陷或测量仪器本身不准造成的误差，未能满足仪器规定的使用。

2. 偶然误差

偶然误差是一种大小和符号都不固定的具有偶然性的误差。产生偶然误差的原因很多，例如温度、湿度、磁场、电场、电源频率等的偶然变化，都会引起偶然误差。所以，在完全相同的条件下，以同样仔细程度重复进行同一个量的测量时，测量结果往往不完全相同。

3. 粗差

粗差是指测量人员在测量过程中，由于操作、读数、记录、计算等错误引起的误差，含有这种误差的数据是不可靠的，应当删除不用。

● 知识闯关与能力训练

一、名词解释

1. 偶然误差：

2. 系统误差：

二、填空题

1. 测量误差按其性质可分为____________、____________。

2. 测量误差主要来自三个方面：____________、____________、____________。研究测量误差的目的是____________________________________。

3. 测量工作中所谓误差不可避免，主要是指________误差，而________误差可以通过计算改正或采用合理的观测方法加以消除或减弱，因此，测量误差理论主要是讨论________误差。

知识链接

精度的衡量有了统一的标准，才能正确地评定观测成果的精度，以便确定其是否符合要求。前面已提到，观测结果的精度与观测条件有着密切的关系，观测条件好，则观测结果的精度高；观测条件不好，则观测结果的精度低。在一定观测条件下进行的一组观测对应着一组确定的误差分布，若误差较集中于零附近，就是误差离散度小，反之误差离散度大。根据正态分布原理，离散度小，表明该组观测质量好，精度高；离散度大，表明该组观测质量差，精度低。精度的衡量可以用列表法或画图法，但比较麻烦，所以常用一个具体数字来反映离散程度的大小，称为衡量精度的指标或标准。

任务驱动

任务二　衡量精度的标准

【能力目标】

中误差、极限误差和相对误差。

【任务描述】

给出几组测量误差数据，能用精度衡量标准权衡测量结果的精度大小。

【任务导航】

本任务主要学习中误差、极限误差和相对误差。

【任务实施】

一、中误差

设在相同的观测条件下对某未知量 x 进行了 n 次观测，得一组观测值为 l_1，l_2，…，l_n，其真误差为 Δ_1，Δ_2，…，Δ_n，以各个真误差的平方和的均值再开方作为评定该组每一项观测值精度的标准，即:

$$m = \pm\sqrt{\frac{[\Delta\Delta]}{n}}$$

式中　m——观测值的中误差；

$[\Delta\Delta] = \Delta_1^2 + \Delta_2^2 + \cdots + \Delta_n^2$；

n——观测次数。

上式表明了中误差与真误差的关系。中误差并不等于真误差，它仅是一组真误差的代表值。中误差 m 值的大小反映了这组观测值真误差的离散程度大小，中误差 m 值越大，真误差离散程度越大，精度越低；中误差 m 值越小，真误差离散程度越小，精度越高。因此，一般都采用中误差 m 作为评定观测质量的标准。

【例 8-1】对某一三角形的内角用不同精度进行两组观测，每组分别观测 10 次，两组分别求得每次观测所得三角形内角和真误差为：

第一组：$-3''$, $+2''$, $+1''$, $-2''$, $0''$, $+4''$, $+3''$, $-2''$, $+1''$, $-1''$

第二组：$0''$, $+2''$, $-7''$, $-2''$, $-1''$, $+6''$, $+8''$, $-5''$, $+1''$, $+1''$

试求它们的中误差。

解：两组观测值的中误差为

$$m_1 = \pm\sqrt{\frac{(-3^2)+2^2+1^2+(-2^2)+0^2+4^2+3^2+(-2^2)+1^2+(-1^2)}{10}} = \pm 2.3''$$

$$m_2 = \pm\sqrt{\frac{0^2+2^2+(-7^2)+(-2^2)+(-1^2)+6^2+8^2+(-5^2)+1^2+1^2}{10}} = \pm 4.3''$$

显然，第一组的中误差数值比第二组的数值要小，因此第一组的精度高于第二组。

二、极限误差

容许误差又称极限误差，用来作为衡量观测值是否达到精度要求的标准，也可用于判别观测值是否存在错误。

在一定条件下，偶然误差的绝对值不会超过一定的限值，这是由偶然误差的特性决定的。这个限值就是极限误差。根据数理统计证明：在大量等精度观测的一组误差中，绝对值大于 1 倍中误差的偶然误差，出现的机会为 32%；绝对值大于 2 倍中误差的偶然误差，出现的机会为 5%；绝对值大于 3 倍中误差 的偶然误差，出现的机会仅占 0.3%，即大约 300 次观测中，才可能出现一次大于 3 倍中误差的偶然误差。在实际工作中，观测次数是有限的，因此通常采用 3 倍中误差作为偶然误差的容许误差，即

$$\Delta_{容} = 3\ \mathrm{m}$$

在测量规范中，对误差的要求更为严格，采用 2 倍中误差作为偶然误差的极限误差，即

$$\Delta_{容} = 2\ \mathrm{m}$$

如果观测值中出现大于容许误差的偶然误差，可认为该观测值不可靠（或存在错误），应舍去不用（或重测）。

三、相对误差

真误差、中误差、容许误差都是表示误差本身的大小，称为绝对误差。对于衡量精度来说，有时用绝对误差很难判断观测结果精度的高低。

例如，用钢尺丈量两段距离，第一段长度为 50 m，中误差为 ± 1 cm；第二段为 300 m，中误差为 ± 3 cm，如果单纯用中误差的大小评定其精度，就会得出前者比后者高的结论。这是因为长度丈量的误差与所丈量的长度成正比，距离越长，误差积累越大。为了客观地衡量精度，则必须用相对误差来判断观测值的精度。

相对误差 K 是距离丈量的中误差绝对值与该段距离之比，且化为分子是 1 的形式。分母值越大，则说明这段距离的丈量精度越高。

从计算结果可以看出，虽然中误差第一段要比第二段小，但第二段距离较长，所以精度就高。

$$K=\frac{|m|}{D}=\frac{1}{\frac{D}{|m|}}$$

由此计算前例中各段的相对误差为

$$K_1=\frac{0.01}{50}=\frac{1}{5\ 000}$$

$$K_2=\frac{0.03}{300}=\frac{1}{10\ 000}$$

当观测误差与观测量的大小有关时，要用相对误差来衡量精度；当观测误差与观测量的大小无关时，可用绝对误差（通常是中误差）来衡量精度。

● 知识闯关与能力训练

选择题

1. 某边长丈量若干次，计算得到平均长为 200 m，平均值的中误差为 0.05 m，则该边长的相对误差为（　　）。

A. 0.25%　　B. 0.025　　C. 1/8 000　　D. 1/4 000

2. 观测值的中误差与观测值之比，称为（　　）。

A. 极限误差　　B. 中误差　　C. 相对误差　　D. 允许误差

3. 衡量一组观测值的精度的指标是（　　）。

A. 中误差　　B. 允许误差　　C. 算术平均值中误差　　D. 相对误差

4. 容许误差是指在一定观测条件下（　　）绝对值不应超过的限值。

A. 中误差　　B. 偶然误差　　C. 相对误差　　D. 观测值

任务三　误差传播定律及其应用

【能力目标】

能掌握倍数函数、和差函数的中误差的公式。

【任务描述】

给出线性函数和一般函数，能够计算出中误差。

【任务导航】

本任务主要学习误差传播定律及其应用等内容。$m=\pm\sqrt{\frac{[\Delta\Delta]}{n}}$ 是说明根据同精度观测值的真误差来评定观测值的精度。在实际工作中某些未知量需要由一些直接观测值根据一定的函数关系计算出来。在水准测量中，两点间的高差不是直接测得，而是由后视读数减前视读数而得，即

$$h=a-b$$

这里高差 h 是直接观测值 a、b 的函数。显然，当 a、b 存在误差时，h 也受其影响而产生误差，这种关系称为误差传播。阐述观测值中误差与观测值函数中误差之间的关系定律称为误差传播定律。

【任务实施】

一、线性函数

设有线性函数

$$z=k_1x_1+k_2x_2+\cdots+k_nx_n \tag{8-1}$$

式中：x_1，x_2，…，x_n 为互相独立的观测值，k_1，k_2，…，k_n 为常数，观测值相应的中误差分别为 m_1，m_2，…，m_n，则由中误差定义得函数 z 的中误差为：

$$m_z^2=(k_1m_1)^2+(k_2m_2)^2+\cdots+(k_nm_n)^2 \tag{8-2}$$

倍数函数、和差函数是建筑工程测量中常用的两种函数形式，也是线性函数的特例，由上式可得到两者的误差传播定律公式，分别为倍数函数、和差函数。

1. 倍数函数

在上式（8-1）中，当 $k_2=k_3=\cdots=k_n=0$ 时，即成为倍数函数 $z=kx$，则有

$$m_z=km_x$$

即倍数函数的中误差等于观测值函数中误差乘以常数。

2. 和差函数

在上式（8-1）中，当 $k_1=k_2=\cdots=k_n=1$ 时，即成为和差函数 $z=x_1+x_2+\cdots+x_n$，则有

$$m_z{}^2=m_{x_1}{}^2+m_{x_2}{}^2+\cdots+m_{x_n}{}^2$$

即和差函数 z 的中误差平方等于 n 个观测值中误差平方之和。当未知量 x 的观测值为同精度观测时，即 $m_{x_1}=m_{x_2}=m_{x_3}=\cdots=m_{x_n}=m$，则有

$$m_z=m\sqrt{n}$$

即在同精度观测时，观测值代数和差函数的中误差与观测值个数 n 的平方根成正比。

二、一般函数

设有一般函数：

$$z=f(x_1,\ x_2,\cdots,\ x_n)$$

式中：x_1，x_2，$\cdots$，x_n 为可直接观测且互相独立的未知量，其中相应的中误差为 m_1，m_2，$\cdots$，m_n，求 z 的中误差。

当 x_i 的观测值有真误差 Δx_i 时，函数 z 相应地也产生真误差 Δz，这些真误差都是很小的值。由数学分析可知，变量的误差与函数的误差之间的关系，可近似地用函数的全微分来表达，为此，求函数的全微分得：

$$\mathrm{d}z=\frac{\partial f}{\partial x_1}\mathrm{d}x_1+\frac{\partial f}{\partial x_2}\mathrm{d}x_2+\cdots+\frac{\partial f}{\partial x_n}\mathrm{d}x_n \tag{8-3}$$

因误差 Δx_i 及 Δz 都很小，故在上式（8-3）中，可近似用 Δx_i 及 Δz，取代 $\mathrm{d}x_i$ 及 $\mathrm{d}z$，即以真误差符号“Δ”替代微分符号“d”，得：

$$\Delta z=\frac{\partial f}{\partial x_1}\Delta x_1+\frac{\partial f}{\partial x_2}\Delta x_2+\cdots+\frac{\partial f}{\partial x_n}\Delta x_n$$

式中：$\frac{\partial f}{\partial x_n}$（$i$=1，2，$\cdots$，$n$）是函数对各个变量的偏导数，以观测值代入所算出的数值，它们是常数，因此上式是线性函数，根据数学推导及偶然误差的特性可得

$$m_z{}^2=\left(\frac{\partial f}{\partial x_1}\right)^2m_1{}^2+\left(\frac{\partial f}{\partial x_2}\right)m_2{}^2+\cdots+\left(\frac{\partial f}{\partial x_n}\right)m_n{}^2 \tag{8-4}$$

上式（8-4）是误差传播定律的一般公式。

三、等精度直接观测平差

（一）求最或是值

设在相同的观测条件下对未知量 x 观测了 n 次，观测值分别为 l_1，l_2，…，l_n，则其算术平均值 L 为

$$L=\frac{l_1+l_2+\cdots+l_n}{n}=\frac{[l]}{n}=x$$

但在实际测量工作中，未知量的观测次数 n 总是有限的，故一般情况下算术平均值并不等于真值，而仅仅是最接近真值。在计算时，不论观测次数的多少均以算术平均值 L 作为未知量的最或是值，这是误差理论中的一个公理。这种只有一个未知量的平差问题，在传统的平差计算中称为直接平差。

（二）精度评定

设等精度观测的最可靠值为 L，它与观测值的差值为 v，则 v 称为观测改正数，其表达式为 $v=L-l$。

1. 用观测改正数求观测值中误差

$$m=\pm\sqrt{\frac{[vv]}{n-1}}$$

2. 算术平均值 L 的中误差 m_L

$$m_L=\pm\sqrt{\frac{[vv]}{n(n-1)}}$$

● 知识闯关与能力训练

选择题

1. 算术平均值中误差比单位观测值中误差缩小根号 n 倍，由此得出结论是（　　）。

A. 观测次数越多，精度提高越多

B. 观测次数增加可以提高精度，但无限增加效益不高

C. 精度提高与观测次数成正比

D. 无限增加次数来提高精度，会带来好处

2. 在一组等精度观测中，当被观测量的真值无法得知时，（　　）就是被观测量真值的最可靠值。

A. 真值　　B. 绝对值　　C. 算术平均值　　D. 最小值

3. 用经纬仪对某角观测 4 次，由观测结果算得观测值中误差为 ±20″，则该角的算术平均值的中误差为（　　）。

A. ±2″　　B. ±5″　　C. ±10″　　D. ±8″

4. 若某全站仪的标称精度为 $\pm(3+2\times10^{-6}\times D)$ mm，当距离 D 为 0.5 km 时，若往返观测，其算术平均值的中误差是（　　）。

A. ± 4.0 mm　　B. ± 2.8 mm　　C. ± 5.0 mm　　D. ± 5.6 mm

参考文献

[1] 张坤宜. 测量基础[M]. 武汉：武汉大学出版社，2011.
[2] 程效军，鲍峰，顾孝烈. 测量学[M]. 上海：同济大学出版社，2016.
[3] 赵建三，贺跃光. 测量学[M]. 北京：中国电力出版社，2013.
[4] 潘松庆，廖明惠. 工程测量技术[M]. 郑州：黄河水利出版社，2016.
[5] 郭宗河. 工程测量实用教程[M]. 北京：中国电力出版社，2013.
[6] 史兆琼. 建筑工程测量[M]. 2 版. 武汉：武汉理工大学出版社，2015.
[7] 魏静，李明庚. 建筑工程测量[M]. 北京：高等教育出版社，2002.
[8] 刘霖，张成利，纪海英. 建筑工程测量[M]. 天津：天津科学技术出版社，2015.
[9] 业衍璞. 建筑测量[M]. 北京：高等教育出版社，2004.